玩转 3D 打印

奇妙的古代发明

索士辉 索骁驿 连洪波 等编著

化学工业出版社

·北京·

本书以古代发明为主题，介绍了利用3D打印技术还原其外观和功能的方法和步骤，并在此基础上进行创新。本书遴选的10个古代科技发明包括鲁班凳、诸葛连弩、孔明锁、古代铜锁、双作用活塞式风箱、耧车、旋转式扬谷扇车、龙骨车、水碓、走马灯。

通过阅读本书，读者既能了解古代发明的制作过程，深刻理解其内部结构及工作原理，又能熟练掌握3D打印技巧。本书配套相应的讲解视频，读者扫描书上二维码即可观看。

图书在版编目（CIP）数据

玩转3D打印：奇妙的古代发明 / 索士辉等编著. —
北京：化学工业出版社，2020.1
ISBN 978-7-122-35578-2

Ⅰ．①玩… Ⅱ．①索… Ⅲ．①立体印刷－印刷术
Ⅳ．①TS853

中国版本图书馆 CIP 数据核字（2019）第 252487 号

责任编辑：曾　越　　　文字编辑：陈　喆　　　装帧设计：水长流文化
责任校对：杜杏然　　　美术编辑：王晓宇

出版发行：化学工业出版社（北京市东城区青年湖南街 13 号　邮政编码 100011）
印　　装：北京缤索印刷有限公司
880mm×1230mm　1/32　印张 8½　字数 207 千字　2020 年 3 月北京第 1 版第 1 次印刷

购书咨询：010-64518888　　　　　　　　　　售后服务：010-64518899
网　　址：http：//www.cip.com.cn
凡购买本书，如有缺损质量问题，本社销售中心负责调换。

定　价：56.00 元

编写人员

索士辉　北京市大兴区枣园小学
连洪波　北京市大兴区枣园小学
索骁驿　北京亦庄实验中学
何　影　北京小学翡翠城分校
索春艳　北京市大兴区长子营学校
何艳萍　北京市大兴区教师进修学校
田万振　北京市育才学校大兴分校
焦桂杰　北京市大兴区第二小学
王继永　北京市大兴区礼贤镇第一中心小学
王海涛　国家教育行政学院附属实验学校
刘　征　北京市大兴区第一中学

前言

中华民族有着灿烂的古代文明，其众多杰出的科技发明创造在人类文明长河中熠熠生辉。然而，随着科技的高速发展，很多古代发明创造与现代生活渐行渐远，古人的智慧渐渐被遗忘。了解古代劳动人民的智慧结晶，取其精华，不断创新，能让古代文明在现代生产生活中继续发挥价值。

3D打印作为物体模型制作的良好媒介，它能准确直观地还原我国古代发明创造的外形与功能。编著者从众多的古代发明中遴选出10个：鲁班凳、诸葛连弩、孔明锁、古代铜锁、双作用活塞式风箱、耧车、旋转式扬谷扇车、龙骨车、水碓、走马灯。这10个发明由浅入深，由易到难，所有模型均参照实物按比例缩小制作。每个发明尽可能按照古代制作方法的顺序进行3D打印复原，古代常见的制作工艺（如划线、锯口、凿空、磨平）也在制作过程中充分体现，这使读者既能了解古代发明的制作过程，深刻理解其内部结构及工作原理，又能提升3D造型能力，掌握3D打印技巧。

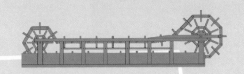

　　传承古代文明智慧，旨在创新。最后一课"走马灯"中，编著者就在沿用古代榫卯结构的基础上，利用3D打印进行了创新。榫卯是极为精巧的发明，在我国古代的发明创造中有广泛应用，其连接方式在当今社会也有重要的参考价值（本书附榫卯常见结构及分类，供读者了解）。

　　古代发明与3D打印的奇妙结合，碰撞出创新思维的火花，展示了古代文明的魅力和3D打印的乐趣。希望广大读者通过阅读本书能够获得启发。

　　本书所用软件为3D One教育版，读者可登录网址http：//www.i3done.com/online/download.html下载。同时为了方便读者理解和掌握3D One软件的使用方法及3D打印设计思路，本书还录制了详细的视频讲解课程，读者只要扫描相关章节前的二维码即可观看。

　　由于编者水平和时间有限，书中难免存在不足之处，还望读者批评指正。

编著者

本书案例
源文件下载

目录

第 课

扫码观看
讲解视频

鲁班凳

一、 追溯鲁班凳的渊源

鲁班凳也叫"瞎掰",传说是2600年前鲁班发明的,如右图所示。鲁班凳是用一整块硬木板做成的,之所以叫"瞎掰",是因为用手掰开就变成一个板凳,折叠上就是一块木板,携带方便。

鲁班凳制作精湛、结构精巧。在制作上,需要锯、抠、钻、凿、磨、刨光、上漆、打蜡等工序,在结构上,主要采用了"以缺补缺"的榫卯结构,两个面相互吻合,既是卯又是榫,结构间彼此关联,连接紧固,十分巧妙。

鲁班凳打开后既可以当小板凳用,也可以

在睡觉时当枕头用,一物多用,携带方便,具有很强的实用性。有的鲁班凳上还刻有图案,甚至刻有"福禄寿"。这也彰显了中华民族的聪明才智和中华文化的博大精深。

过去的鲁班凳因采用纯手工艺制作，其制作难度大、工艺复杂，并且没有规范的图纸和文字资料借鉴，制作时只能依靠师傅口传心授。随着老艺人的逐渐减少，这项手工技艺正面临失传的危险，迫切需要采取措施进行传承和保护。

利用3D打印技术可以对鲁班凳进行复现。本课用3D One制作的鲁班凳如右图所示。

二、 鲁班凳的制作构思

我们制作鲁班凳时按照古代木工制作的方法和步骤完成，其目的是体验鲁班凳的制作过程。首先在一块长方体板上划线、作图，然后进行剔槽、锯口，最后进行抛光打磨。"定位矩形"是制作鲁班凳的基本定位方法，"剔槽工具"是完成剔槽比较快捷的方式。最后进行锯口，使板块间留有空间，不互相粘连。

制作尺寸为360×126×54（如未再提及，本书长度单位均采用mm），制作比例为1：1。

三、 鲁班凳的制作步骤

1. 制作鲁班凳板材基体。

2. 对鲁班凳基体三个面（六个面中有三个面不需要划线）进行划线。

3. 利用凿子对划线部位进行剔槽。

4. 利用锯对划线部位进行锯口。

5. 对鲁班凳毛坯体进行打磨、抛光。

 四、 鲁班凳的制作过程

第一步 **制作鲁班凳板材基体**

打开3D One软件,把视图角度调成"上"。鼠标选取"矩形" □ 命令,以屏幕窗口的中心点为起点绘制一个360×126的矩形,如左图所示。然后对矩形进行一边拉伸,拉伸距离为54,形成鲁班凳板材基体,如右图所示。

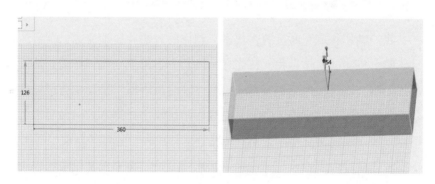

第二步 **对鲁班凳基体三个面进行划线(古代工具:笔和直角尺)**

1. 上面:把视图角度调成"上",在鲁班凳基体的上面以左上角为起点绘制144×(-126)的定位矩形,如左图所示。以刚绘制的定位矩形右上角为起点绘制36×(-18)的矩形,如右图所示。

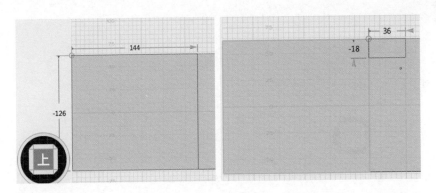

　　然后删除定位矩形。单击完成 ☑ 按钮，鼠标选择"阵列" ▦ 命令，出现对话框，"基体"选择刚绘制的36×（－18）矩形，"方向"选择长方体左边棱下方向，"数量"为7，"距离"输入108，如左图所示。鼠标选取"阵列" ▦ 命令，出现对话框，"基体"选择刚阵列出的七个长方形，"方向"选择长方体上边棱右方向，"数量"为2，阵列距离为36，如右图所示。单击"完成" ☑ 按钮，完成绘制。

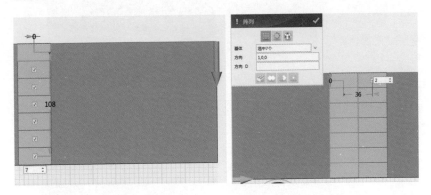

　　2. 侧面：把视图角度调成"前"，在鲁班凳基体的侧面以左上角为起点绘制360×（－18）的三个长方形，把侧面分成三份，如左图所示，单击"完成" ☑ 按钮，完成绘制。以刚绘制的矩形的左下角为起点绘制144×18的定位矩形，如右图所示。

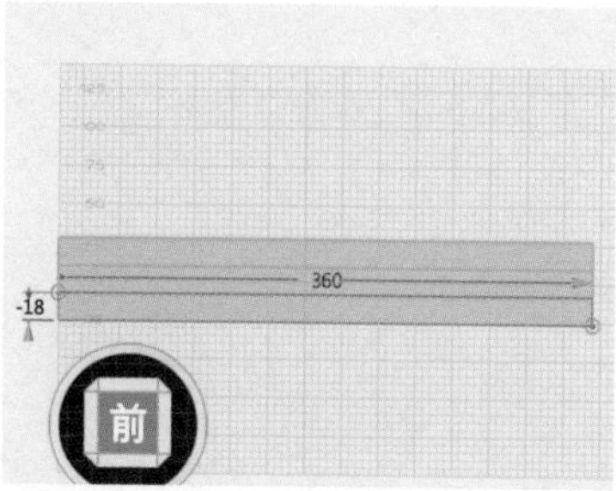

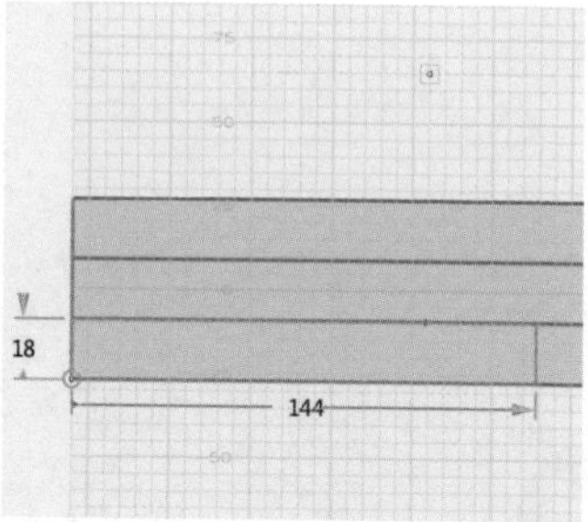

以刚绘制的定位矩形右上角为起点绘制72×（－18）的矩形，如左图所示。删除定位矩形，鼠标选取“拉伸”命令，出现对话框，选择“减运算”，“轮廓”选择刚绘制的矩形，“拉伸”类型选择一边，“方向”选择如右图所示的下方向，“距离”为－126，确定完成，删除如右图所示部分（这步骤是对鲁班凳板材进行剔槽）。

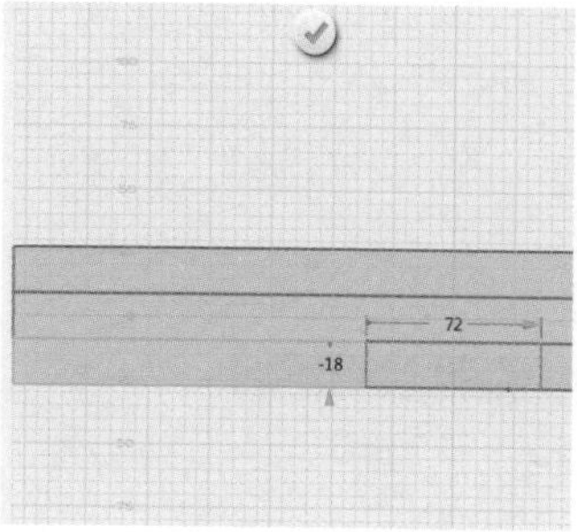

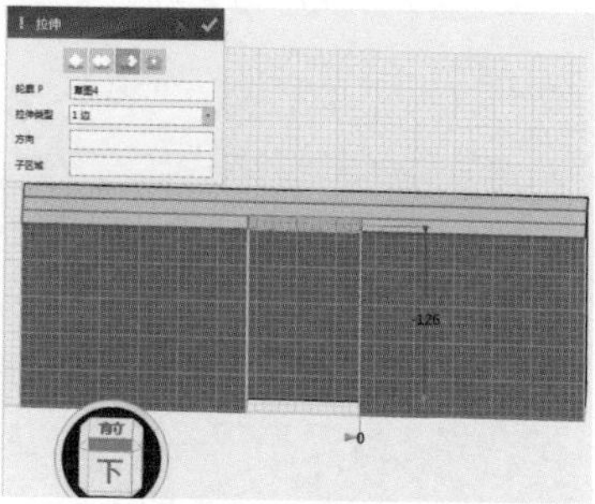

3. 下面：把视图角度调成“下”，以左上角为起点绘制36×（－126）的定位矩形，如左图所示。按照上面绘制草图的方法绘制如右图所示草图（尺寸为36×18）。

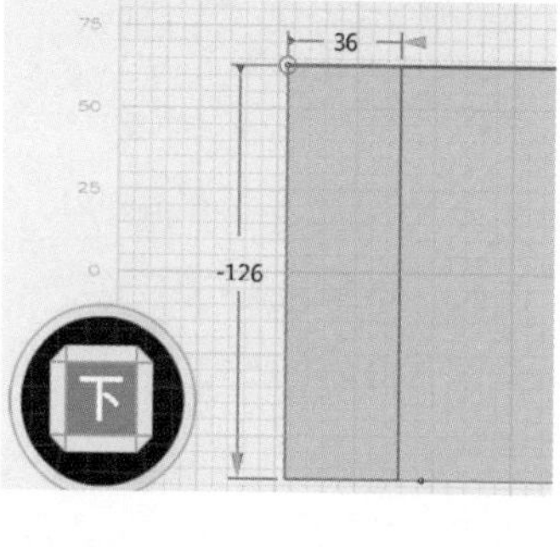

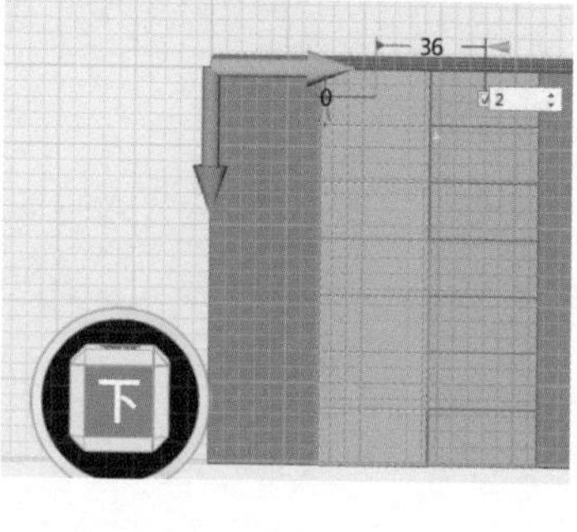

鼠标选择"阵列" 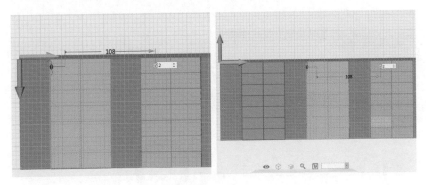 命令，出现对话框，"基体"选择刚阵列出的14个长方形，"方向"选择右方向，"数量"选择2，"距离"为108，如左图所示，确定完成。采用同样方法并把刚阵列出的草图向右再阵列一次，阵列距离为108，如右图所示。

第三步 对鲁班凳基体各面进行剔槽（古代工具：锤子、凿子）

1. 把视图角度调成"上、前"，对鲁班凳基体上面如左图所示位置的长方形进行向上拉伸，拉伸距离为18.5（多拉伸0.5是为了使槽口不会产生粘连）。把视图角度调成"前"，鼠标选取"直线" \ 命令，在刚拉伸的长方体侧面绘制一条对角直线，如右图所示。

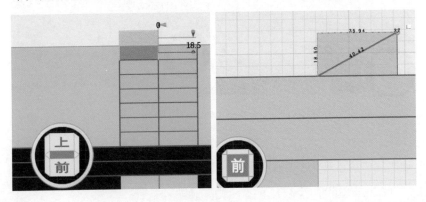

2.鼠标选取"实体分割" 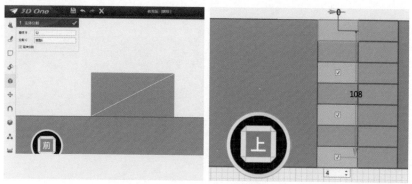 命令，把这个长方体分割成两个直三棱柱，如左图所示。删除下面多余的直三棱柱。把视图角度调成"上"，鼠标选取"阵列" 命令，出现对话框，"基体"选择上面的直三棱柱，"方向"选择向下，"距离"输入108，"数量"输入4，确定完成，如右图所示。

3.把视图角度调成"上、前"，把右边第二个格子的矩形拉伸18.5，如左图所示。把视图角度调成"前"，对这个矩形绘制对角线，并进行实体分割，如右图所示。然后删除下面的直三棱柱。

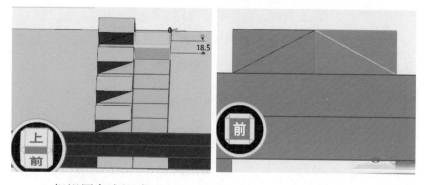

4.把视图角度调成"上"，鼠标选取"阵列" 命令，出现对话框，"基体"选择刚制作的直三棱柱，"方向"选择向下，"距离为72，"数量"为3，确定完成，如左图所示。如右图所示，在刚制作的直三棱柱上面绘制72×（－126）的矩形。

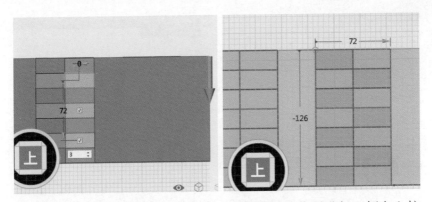

5. 鼠标选取"拉伸" ⬛ 命令，对刚绘制的草图进行一侧向上拉伸，拉伸距离为1，选择"加运算"，如左图所示。注意：上面的步骤是制作一个"剔槽工具"。这个剔槽工具可以复制出三个，并可以隐藏起来。当制作鲁班凳下面时可以用剔槽工具完成剔槽。鼠标选取"移动" ⬛ 命令中的"动态移动"，选中"剔槽工具"并向下移动−18，如右图所示。▮

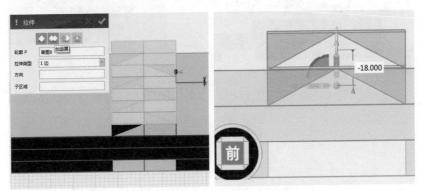

6. 鼠标选取"组合编辑"命令，出现对话框，选择"减运算"，"基体"选择鲁班凳基体，"合并体"选择"剔槽工具"，确定完成，如左图所示。把视图角度调成"下"，按照上面的步骤进行拉伸、绘线、分割、阵列，在左侧制作四个直三棱柱体，如右图所示。

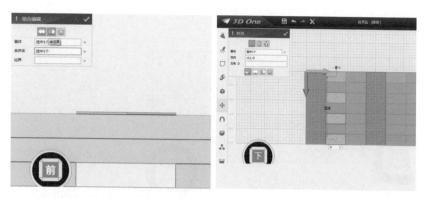

7. 采用同样方法按照左图所示位置在右侧制作三个直三棱柱。按照上面的步骤制作"剔槽工具"，如右图所示。也可以复制上面的剔槽工具，并移动到下面。

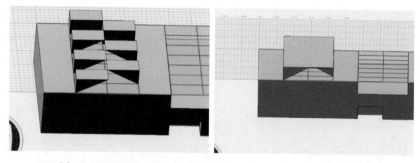

8. 对如左图所示位置进行剔槽。采用同样方法对另外两处进行剔槽，如右图所示。注意：槽的方向不要弄错。

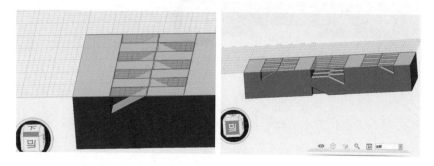

1. 把视图角度调成"前"，鼠标选取"矩形" □ 命令，在如左图所示位置绘制144×1的草图。然后对矩形进行一边拉伸，拉伸距离为－126，如右图所示。这步制作的是一个"锯口工具"。

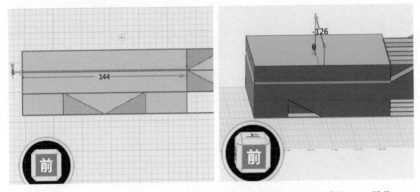

2. 把"锯口工具"向下移动－0.5，让横线处于"锯口工具"1/2处，如左图所示。把"锯口工具"阵列到右侧，阵列距离为216，阵列数量为2，如右图所示。

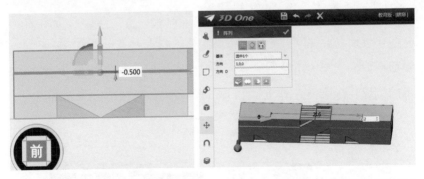

3. 采用同样方法，鼠标选取"矩形" □ 命令，在如左图所示位置绘制36×1的矩形。然后对矩形进行一边拉伸，拉伸距离为－126，如右图所示。这步制作另一个"锯口工具"。

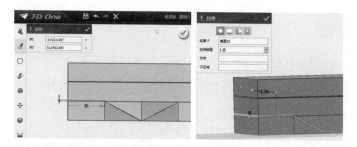

4. 把"锯口工具"向下移动－0.5，让横线处于"锯口工具"1/2处，如左图所示。把"锯口工具"阵列到右侧，阵列距离为324，阵列数量为4，如右图所示。

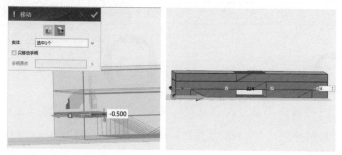

5. 把视图角度调成"前"，选择"线框模式"，鼠标选取"组合编辑"命令，出现对话框，这里选择"减运算"，"基体"选择鲁班凳基体，"合并体"选中所有锯口工具，确定完成，如左图所示完成侧面锯口。把视图角度调成"上"，按照侧面锯口的方法，在右图所示的位置制作第一道锯口工具，锯口工具尺寸为72×1×（－60）。

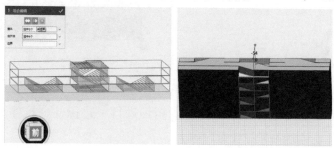

6. 把"锯口工具"向下移动0.5，如左图所示。把视图角度调成"上"，把"锯口工具"阵列到下侧，阵列距离为90，阵列数量为6，如右图所示。

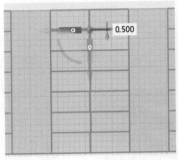 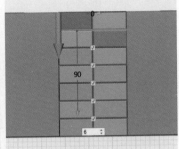

7. 用"Delete"键删除下面中间位置的矩形，如左图所示。鼠标选取"组合编辑"命令，出现对话框，这里选择"减运算"，"基体"选择鲁班凳基体，"合并体"选中所有"锯口工具"，确定完成，如右图所示。如果一次"减运算"不成功，可以依次减掉。

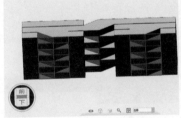 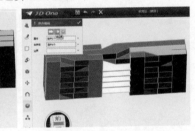

8. 分割成功的状态如左图所示，基体被分成两部分。旋转左上部分基体270°，如右图所示。

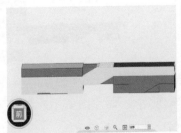 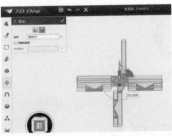

9.把视图角度调成"下、后"，对左侧草图进行拉伸、绘线、分割、阵列，共制作七个直三棱柱，如左图所示。把视图角度调为"上"，隐藏鲁班凳基体，在七个直三棱柱上面进行绘制草图、拉伸、组合，制成剔槽工具，如右图所示。然后把剔槽工具复制成两个。

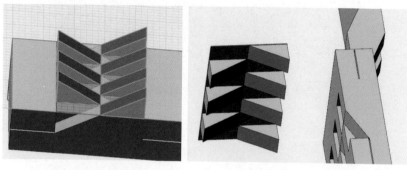

10.把视图角度调成"后"，显示鲁班凳基体，把"剔槽工具"向上"动态移动"36，如左图所示。鼠标选取"组合编辑"命令，出现对话框，选择"减运算"，"基体"选择鲁班凳基体，"合并体"选中剔槽工具，确定完成，如右图所示。另一侧利用复制出的剔槽工具，也减去多余部分。

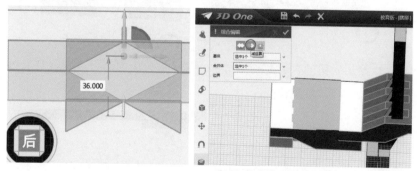

11.把视图角度调成"上"，对左侧基体进行"锯口"，绘制草图72×1、拉伸−50、移动0.5、阵列6个，如左图所示。然后选中"组合编辑"命令，依次减去"锯口"，如右图所示。

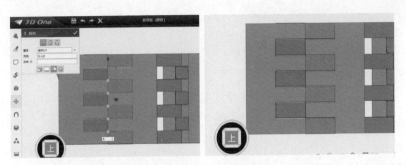

12. 如左图所示样式说明没有分割成两部分（有粘连），这种情况是由于"组合编辑"命令造成的。重新进行这一步骤，找出问题所在并解决。右侧制作方法与步骤和左侧相同，如右图所示。

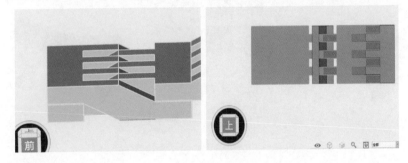

第五步 对鲁班凳毛坯体进行打磨、抛光

1. 鼠标选取"圆角" 🔘 工具对鲁班凳各面上的棱进行圆角，圆角度数为2，如左右两图所示。

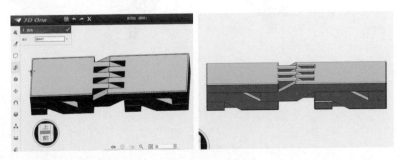

2. 把鲁班凳调成板凳样式，对鲁班凳各面进行上色贴图，鼠标选取3D One窗口右侧隐藏小窗口，选取"贴图"标签下面的"木纹02"图片（图片也可以通过"导入贴图"从电脑中导入），如左图所示。出现对话框，"面"选择需要贴图的面，"宽度"为200，"高度"为100，取消"锁定长宽比"选项，确定完成选中面贴图。采用同样方法对剩下面进行贴图，以完成鲁班凳的上色贴图，如右图所示。

3. 至此，一个实木鲁班凳制作完成，如图所示。

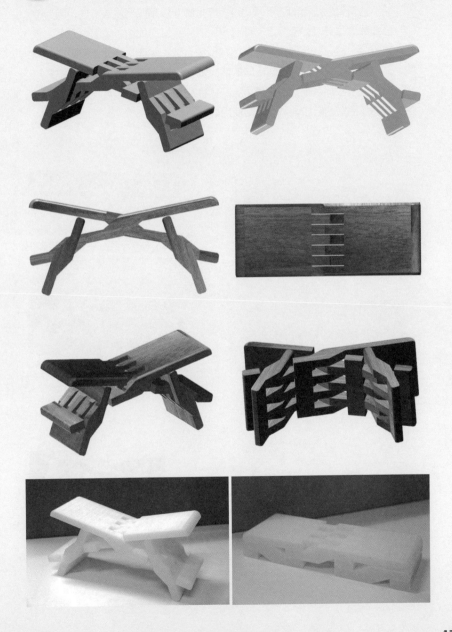

　　鲁班凳划线图如图所示。鲁班凳打印时应采取平放的方法，因为这样能最大限度减少支撑，支撑越少则打印越容易成功，表面越光滑。将鲁班凳平放，并且四个部件要留有缝隙，防止粘连。另外，在我们制作过程中为了防止部件不能活动的情况发生，部件间留有2mm的空隙，打印时这些空隙会被填上支撑线，打印完后直接剔除掉即可，这样打印出来的作品活动自如，可以正常使用。

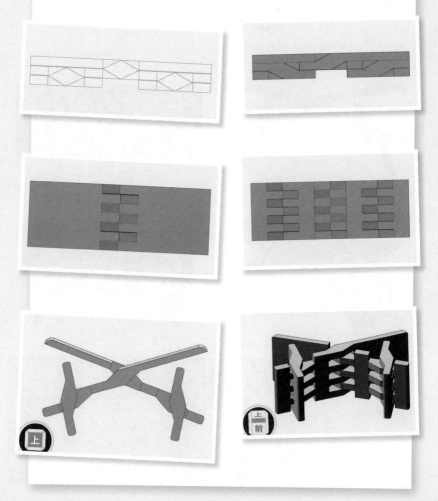

第 2 课

诸葛连弩

扫码观看
讲解视频

一、追溯"诸葛连弩"的渊源

"诸葛连弩"又称元戎弩，传说是由三国时期蜀国军师诸葛亮制作的连续发射的箭弩。它一次能发射十支箭，速度快、连续作战能力强，多用于防守城池和营寨。

据《魏氏春秋》书中记载，诸葛亮在一次可发射多支弩箭的连弩基础上，设计制作了一种"元戎弩"，一次可以发射十支长八寸（1寸＝3.33厘米）的铁弩箭，提高了强弩的杀伤力。由于记载过于简单，后人对诸葛连弩的性能和样式产生了不同的理解，有人认为它是一次同时发出十箭；也有人认为它是可以先后连续发射十箭。但是由于缺乏实物及图片等方面的物证，诸葛连弩的结构至今仍是一个谜。

笔者认为诸葛连弩结构更倾向于现在市面上普遍流传的样式，如右图所示。

（1）连弩的特点

一是火力强劲、发射速度快，能连续发射十支箭，发射速度比普通弓箭快；二是可以先瞄准目标，等到需要时再发射，合理捕捉战机，命中率比普通弓箭高。

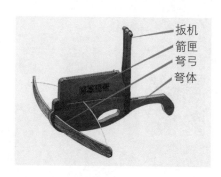

扳机
箭匣
弩弓
弩体

（2）连弩的原理和发射过程

手握连弩，首先将杠杆扳机向前推，箭匣也随之前移，移到最前位后，箭槽后缘缺口向上抬起并自动钩住弩弦。这时箭匣中的弩箭不再受到弩弦阻挡，由于重力作用而落入箭槽上。把杠杆扳机扳回，箭匣就会向后运动并将弩弦往后拉，弩翼弯曲蓄能，拉到尽头的同时弩弦开始下坐，弩弦与杠杆扳机接触，弩弦被顶起，随之弩弦将箭顶出，完成发射。由上所述，连弩的发射过程共包括四步，即装箭、挂弦、张弓和放箭，如下图所示。

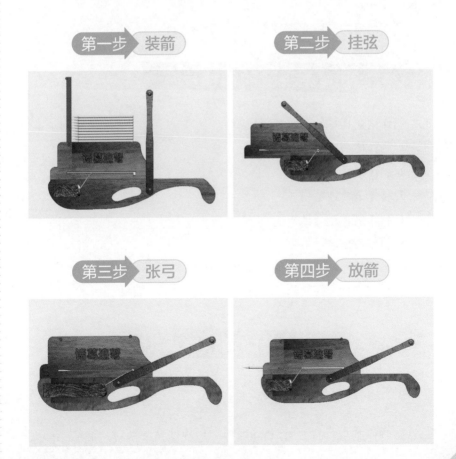

第一步　装箭

第二步　挂弦

第三步　张弓

第四步　放箭

二、 诸葛连弩的制作构思

　　诸葛连弩制作时，首先在一块长方形板上锯出弩体形状，并制作出手柄孔、弩弓孔和滑道槽。然后根据弩体的大小制作箭匣，箭匣采取3D软件绘画方式完成制作。之后在箭匣上制作出滑道榫、箭腹、箭槽和弓弦槽。弩弓在古代采用的是竹板，弹性好。扳机的制作比较简单，但安装位置是难点，需要把实物打印出来再寻找安装位置。弓弦采用线绳材质，这里利用3D打印软件制作是为了看上去更像一个完整的作品。

　　制作尺寸为70×100×27，制作比例为1∶10。

三、 诸葛连弩的制作步骤

　　制作诸葛连弩的过程如下所示。

1. 制作诸葛连弩弩体。
2. 制作诸葛连弩箭匣。
3. 制作诸葛连弩弩弓。
4. 制作诸葛连弩扳机。
5. 制作诸葛连弩弓弦。
6. 对诸葛连弩毛坯体进行打磨、抛光。
7. 制作诸葛连弩弩箭。

四、 诸葛连弩的制作过程

第一步 制作诸葛连弩弩体

　　1. 制作基板：打开3D One软件，把视图角度调成"上"。鼠标选取"矩形" □ 命令，以屏幕窗口的中心点为起点绘制一个80×30的矩形，如左图所示。对草图进行拉伸，拉伸距离为3，如右图所示。

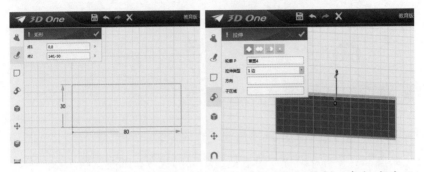

2.在基板上绘制连弩草图：在如左图所示位置绘制一条长度为60的线段（注意左右各留10距离）。然后选取"通过点绘制曲线" ∿命令，绘制如右图所示刀型样式图。若一次无法绘制好，可以进行多次调整。

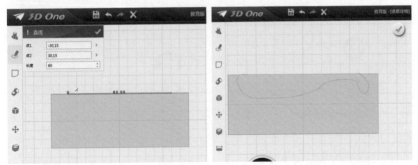

3.鼠标选取"实体分割" 命令，出现对话框，"基体"选择长方体，"分割"选择刚绘制的草图，勾选"延伸分割"选项，如左图所示。采取同样方法在诸葛连弩弩体上，绘制如右图所示样式草图。然后选取"实体分割" 命令，删除多余部分留下诸葛连弩弩体。

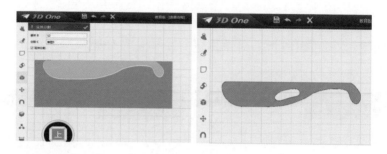

第二步 制作诸葛连弩箭匣

1. 绘制弩匣草图：鼠标选取"直线" ╲ 命令，在网格上单击确定绘制面，鼠标在弩体上绘制长度为43的线段，如左图所示。然后以刚绘制的线段端点为起点绘制如右图所示样式四条线段。

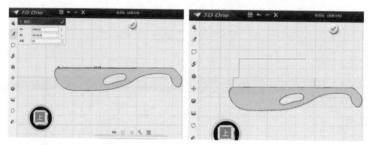

2. 鼠标选取"圆弧" ⌒ 命令，连接草图开口端点，半径为10，确定完成，如左图所示。鼠标选取"拉伸" ▣ 命令对草图进行拉伸，拉伸距离为－3。然后鼠标选取"圆角" ◐ 命令对拉伸基体的四个角进行倒圆角，圆角度数为2，如右图所示。

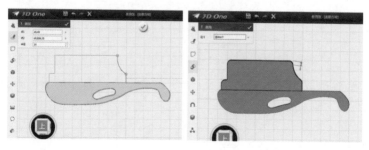

3.把视图角度调成"前",隐藏弩身,在箭匣底部绘制7×（−1）的定位矩形,如左图所示。以刚绘制的定位矩形右下角为起点绘制28×（−1）的草图,如右图所示。

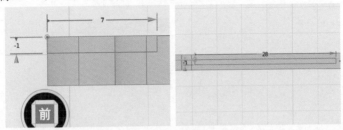

4.把视图角度调成"下",删除定位矩形,对草图进行拉伸,拉伸距离为−16,如左图所示。鼠标选取"移动" 命令,把刚拉伸体向下"动态移动"−2.5,如右图所示。

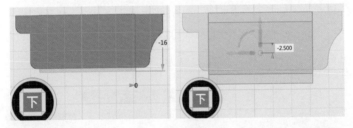

5.把视图角度调成"左",隐藏箭匣,鼠标选取"圆形" 命令,以长方体右边中点为圆心绘制半径为0.5的圆,如左图所示。鼠标选取"拉伸" 命令,出现对话框,"拉伸类型"选择对称,拉伸距离为28,确定完成,如右图所示。

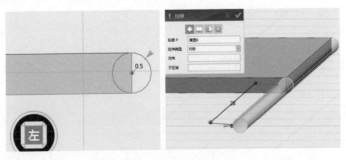

6. 把视图角度调成"上"，以长方体左下角为起点绘制29 × （ - 0.5 ）的矩形，如左图所示。以刚绘制的矩形右下角为起点绘制 （ - 1 ）× （ - 1 ）的矩形，如右图所示。

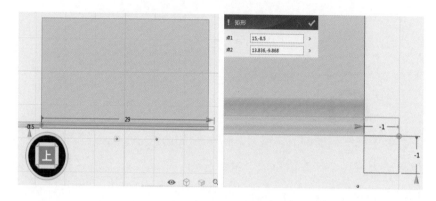

7. 鼠标选取"单击修剪" ⌁ 命令，删除如左图所示线段。鼠标选取"拉伸" ▣ 命令，出现对话框， "轮廓"选择刚绘制的草图， "拉伸类型"选择对称，拉伸距离为10，确定完成，如右图所示。

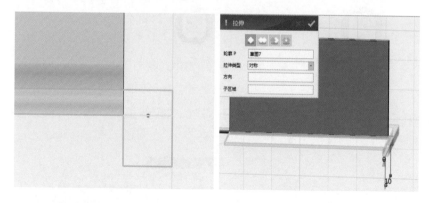

8. 鼠标选取"移动" ▤ 命令，把刚拉伸体向上"动态移动" - 0.5，如左图所示。鼠标选取"组合编辑" ▣ 命令，把窗口上三部分组合起来，如右图所示。至此剔槽工具制作完成。

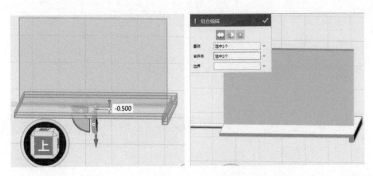

9. 显示全部基体，鼠标选取"组合编辑" ⬚ 命令，出现对话框，选择"减运算"，"基体"选择箭匣，"合并体"选择刚制作的剔槽工具，如左图所示。确定完成，效果如右图所示。

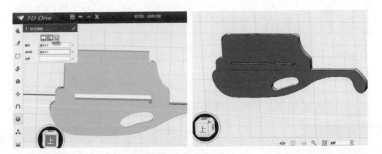

10. 制作箭匣盖：把视图角度调成"后"，鼠标选取"参考几何体" ▦ 命令，在箭匣上面单击确定绘制面，选中箭匣槽的四个边沿出现矩形，如左图所示。向下拉伸草图，"拉伸类型"选择1边，拉伸距离为 – 2，如右图所示。

11. 隐藏箭匣，把视图角度调成"下"，鼠标选取"矩形" □ 命令，以长方体左上角为起点绘制1×（−1）的定位矩形，如左图所示。鼠标选取"圆形" ⊙ 命令，以刚绘制的定位矩形的右下角为起点绘制半径为0.5的圆，如右图所示。

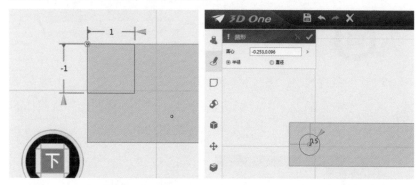

12. 删除定位矩形，对圆形草图进行对称拉伸，拉伸距离为1.5，如左图所示。鼠标选取"圆角" ◐ 命令，对长方体头端两条棱进行倒圆角，圆角度数为1，如右图所示。

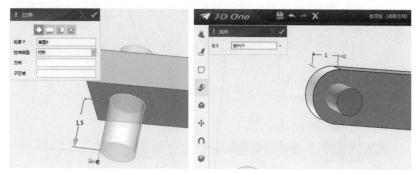

13. 把视图角度调成"后"，鼠标选取"移动" 命令，把刚制作的圆柱体向上"动态移动"0.5，如左图所示。同时按键盘"Ctrl+C"组合键，出现对话框，"实体"选择圆柱体，"起始点"和"目标点"选择圆柱体上一点，目标点选择两次（复制出两个），如右图所示。

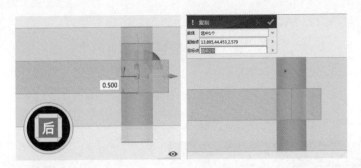

14. 把视图角度调成"下"，鼠标选取"移动" ![icon] 命令，把刚制作的一个圆柱体向下"动态移动"－1，向右"动态移动"－26.5，如左图所示。同时按键盘"Ctrl+C"组合键，出现对话框，"实体"选择刚移动过去的圆柱体，"起始点"和"目标点"都选择圆柱体上一点，目标点选择一次（复制出一个），如右图所示。

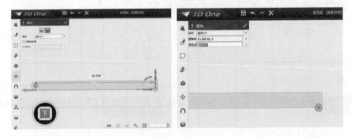

15. 显示全部组件，把视图角度调成"上"，如左图所示。鼠标选取"组合编辑" ![icon] 命令，出现对话框，选择"减运算"，"基体"选择箭匣，"合并体"选择左右两个圆柱体，确定完成，如右图所示。

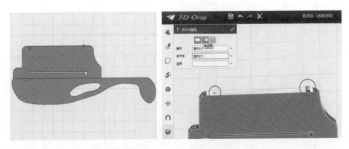

16.鼠标选取"组合编辑" 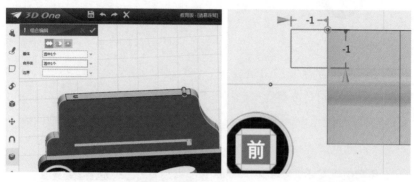命令,出现对话框,选择"加运算","基体"选择箭匣内的长方体,"合并体"选择右边的圆柱体,确定完成,如左图所示。把视图角度调成"前",隐藏弩体,鼠标选取"矩形" □ 命令,以箭匣的左上角为起点绘制(−1)×(−1)的定位矩形,如右图所示。

17.鼠标选取"矩形"□命令,以定位矩形的右下角为起点绘制45×(−1)的矩形,如左图所示。删除定位矩形,对矩形进行一边拉伸,拉伸距离为1,如右图所示。

18.把长方体复制两个,鼠标选取"组合编辑" ⬛ 命令,出现对话框,选择"加运算","基体"选择箭匣,"合并体"选择其中一个长方体,确定完成,如左图所示。隐藏箭匣,鼠标选取"拉伸" ⬛命令,选择"加运算",把下面的长方体左右各拉伸出5,如右图所示。

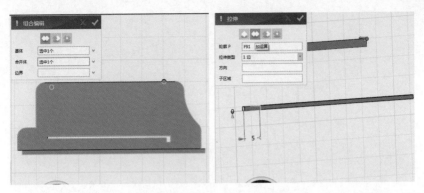

19. 显示弩体，鼠标选取"组合编辑" ● 命令，出现对话框，选择"减运算"，"基体"选择弩体，"合并体"选择长方体，确定完成，如图所示。

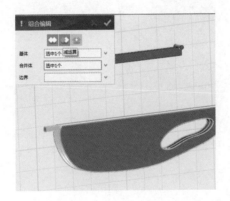

第三步 制作诸葛连弩弩弓

1. 显示全部组件，把视图角度调成"后"，鼠标选取"圆弧" ⌒ 命令，在箭匣上面单击确定绘制面，绘制如左图所示的样式圆弧，弧度为125，确定完成。把视图角度调成"下"，鼠标选取"矩形" ▢ 命令，以刚绘制的弧线端点为起点绘制1×5的矩形，确定完成，如右图所示。

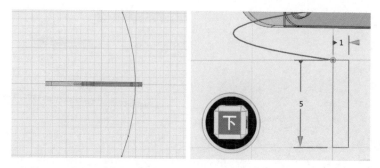

2. 鼠标选取"扫掠" 命令，出现对话框，"轮廓"选择矩形，"路径"选择弧线，确定完成，如左图所示。鼠标选取"移动" 命令，把弩弓向左"动态移动"2、向上移动22，如右图所示。

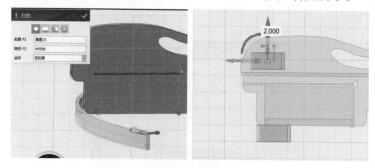

3. 鼠标选取"圆角" 命令，对弩弓的四个角进行倒圆角，圆角度数为2，如左图所示。同时按键盘"Ctrl+C"组合键，出现对话框，"实体"选择弩弓，"起始点"和"目标点"都选择弩弓上一点（复制出一个），如右图所示。

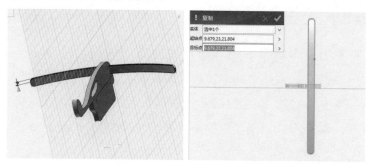

4. 鼠标选取"组合编辑" 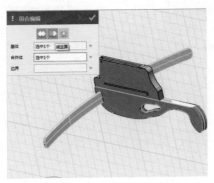 命令,出现对话框,这里选择"减运算","基体"选择弩体,"合并体"选择弩弓,确定完成,如图所示。

第四步 制作诸葛连弩扳机

1. 调整视图角度为"上",鼠标选取"矩形" □ 命令,在如左图所示位置绘制3×21和(-3)×21的矩形。鼠标选取"圆弧" ⌒ 命令,在上面矩形两侧绘制两条半径为120的弧线,如右图所示。

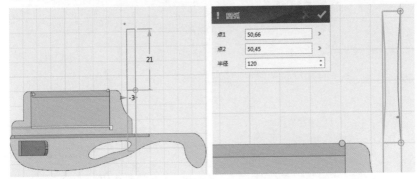

2. 删除多余线段,如左图所示。对草图进行一边拉伸,拉伸距离为1,如右图所示。

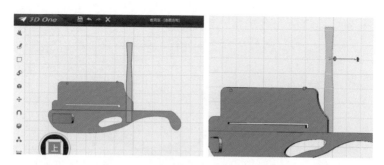

3. 鼠标选取"圆角" 命令,对刚拉伸基体上下四个棱进行倒圆角,圆角度数为1.3,如左图所示。把视图角度调成"右",鼠标选取"阵列" 命令,把拉伸体阵列到另一侧,阵列距离为4,如右图所示。

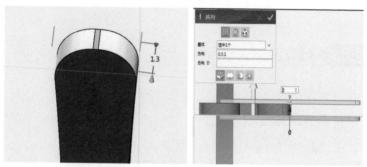

4. 把视图角度调成"上",鼠标选取"圆柱体" 命令,在拉伸体上部绘制(-10)×1的圆柱体,如左图所示。鼠标选取"移动" 命令,把圆柱体向左"动态移动"2.5,如右图所示。

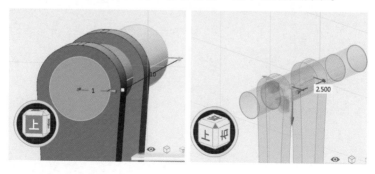

5. 鼠标选取"组合编辑" 🔘 命令，出现对话框，"基体"选择扳机横梁，"合并体"选择左右两个立梁，把三个基体组合在一起，如左图所示。利用"动态移动"命令把扳机向左移动8、向上移动－3，如右图所示。

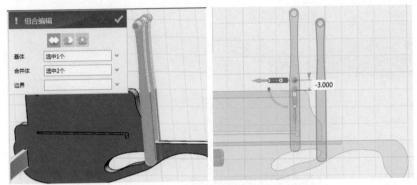

6. 以扳机下边半圆圆心为轴心旋转50°，如左图所示。把箭匣和箭匣盖向左"动态移动"10，如右图所示。

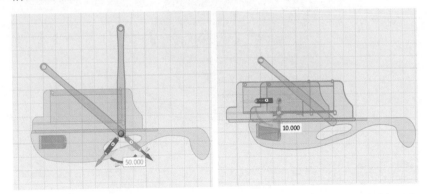

7. 鼠标选取"圆柱体" 🔘 命令，在如左图所示位置绘制两个（－5）×0.5的圆柱体。同时按键盘"Ctrl+C"组合键，出现对话框，"实体"选择两个圆柱体，"起始点"和"目标点"都选择圆柱体上一点（复制出一个），如右图所示。这个打孔的位置可能不合适，需要安装时进行实际测量。

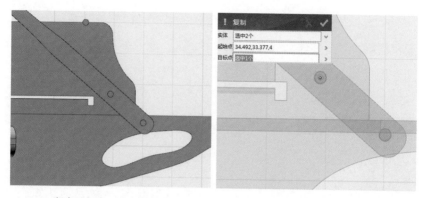

8. 鼠标选取"组合编辑" 命令，出现对话框，这里选择"减运算"，"基体"选择弩体、箭匣、扳机，"合并体"选择两个圆柱体，确定完成，如图所示。

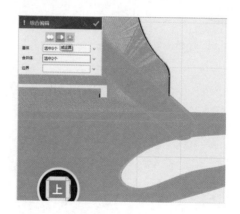

第五步 制作诸葛连弩弓弦（弦本应使用比较结实的线，这里制作是为了体现一个预览效果）

1. 鼠标选取"圆形" 命令，单击箭匣上面确定绘制面，在如左图所示长孔位置绘制半径为0.2的圆。鼠标选取"拉伸" 命令，出现对话框，"拉伸类型"选择"对称"，拉伸距离为55，确定完成，如右图所示。

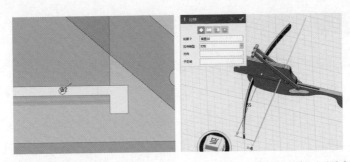

2. 把视图角度调成"下"，拖出一个长方体放在如左图所示位置，并旋转30°。鼠标选取"圆柱折弯" 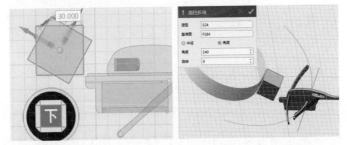 命令，出现对话框，"造型"选择弓弦，"基准面"选择参考长方体左面，"角度"输入140，确定完成，如右图所示。

3. 删除参考长方体，鼠标选择"移动" 命令，利用"动态移动"上下、左右旋转，以调整好与弓体和箭匣的位置，如左图所示。鼠标选取"组合编辑" 命令，出现对话框，这里选择"加运算"，"基体"选择弓体，"合并体"选择弓弦，"边界"选择弓体内侧。如右图所示，把多余弓弦减去。

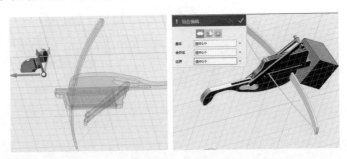

第六步 对诸葛连弩毛坯体进行打磨、抛光

选择"圆角" 🔲 工具，对诸葛连弩进行部件圆角，利用"预置文字" 🅰 工具在箭匣上刻上"诸葛连弩"，如左图所示。选择"贴图"工具，对诸葛连弩进行上色，如右图所示。

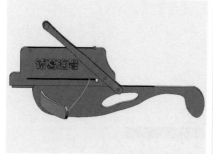

第七步 制作诸葛连弩弩箭

1. 鼠标选择"圆柱体" 🔲 命令，以箭匣前面位置为底面圆心绘制25×0.5的圆柱体，并在圆柱体前面绘制3×0.5的圆锥体，如左图所示。然后把圆柱体和圆锥体组合在一起，一支弩箭就完成了。

2. 对弩箭进行移位、上色、阵列，完成诸葛连弩制作，如右图所示。

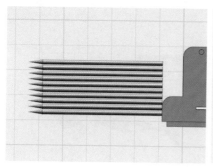
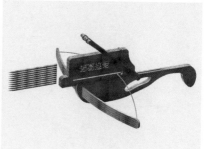

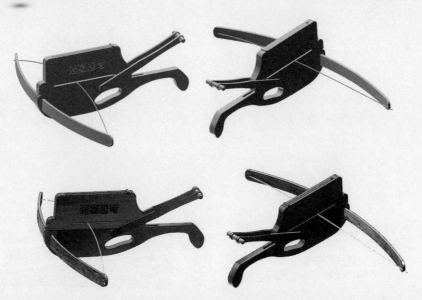

作品展示

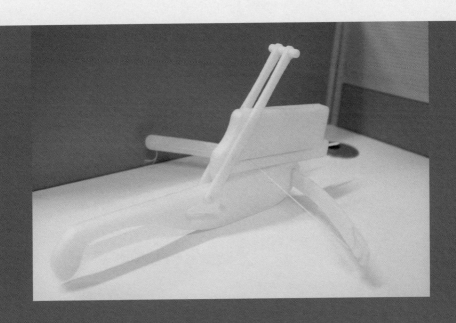

　　把诸葛连弩分成五部分，打印时将之摆在一个平面上，如左图所示；打印后再把五部分进行组装。弓体最好单独打印并采取高质量打印的方法，就是尽力让弓内的填充细密，保证弓体的密度与韧度，并具有弹性。不同打印机采用不同的密度设置方法，但一定要使用密度填充，以最高质量打印。打印出的成品比设计的基体会有0.1~0.2mm外胀，可以把箭槽的榫宽度减小0.2mm，如右图所示。利用这个处理方法才能更好地使榫卯顺利交合。

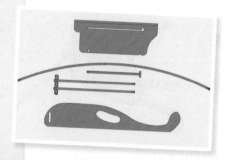

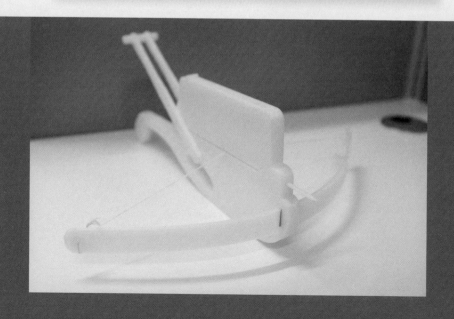

第 3 课

孔明锁

扫码观看
讲解视频

一、追溯孔明锁的渊源

孔明锁又名鲁班锁，是流传于民间的一种智力玩具。孔明锁在民间还有"别闷棍""难人木""莫奈何""六子联方"等叫法。

孔明锁的发明存在两种不同的说法：一种相传是由三国时期诸葛孔明根据八卦的原理发明的一种玩具；另外一种是传说春秋时代鲁国工匠鲁班为了开发儿子的智力，用六根木条制作的一件可拼可拆的玩具。所以有孔明锁和鲁班锁两种叫法。它起源于中国古代建筑中的榫卯结构。

（1）结构与原理

孔明锁是一种木质的三维拼插器具，内部的凹凸部分（即榫卯结构）相互啮合，从外观看是严丝合缝的三维体。孔明锁看上去简单，其实内中奥妙无穷，若不得要领则很难完成拼合。拼插时需要技巧和规律，找到规律后把几块木头按照固定的顺序和方向进行拼插组合就能形成一个特定的组合体。

（2）孔明锁分类

民间按照榫卯结构逐渐触类旁通，又在标准孔明锁的基础上派生出了许多其他高难度的孔明锁。孔明锁种类达几十种，主要有大小孔明锁、四季锁、孔明连环锁、十二方锁、正方锁（方角鲁班球）、二十四锁（分A类和B类）、十八插钩锁、姐妹球、六方锁、十四阿哥锁、小菠萝、三三结（大菠萝）、三八结等，如图所示。

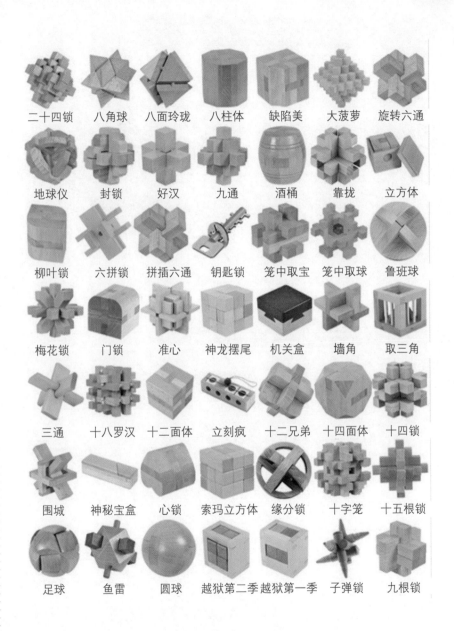

二十四锁	八角球	八面玲珑	八柱体	缺陷美	大菠萝	旋转六通
地球仪	封锁	好汉	九通	酒桶	靠拢	立方体
柳叶锁	六拼锁	拼插六通	钥匙锁	笼中取宝	笼中取球	鲁班球
梅花锁	门锁	准心	神龙摆尾	机关盒	墙角	取三角
三通	十八罗汉	十二面体	立刻疯	十二兄弟	十四面体	十四锁
围城	神秘宝盒	心锁	索玛立方体	缘分锁	十字笼	十五根锁
足球	鱼雷	圆球	越狱第二季	越狱第一季	子弹锁	九根锁

二、 孔明锁的制作构思

孔明锁种类多，但我们在这里只制作六根孔明锁，其他孔明锁的制作方法和六根孔明锁相似，只是复杂程度不同。首先制作六根木条，然后在木条上剔槽，六根木条相互咬合（鲜明地体现出榫卯结构的特点），如右图所示。

单根木条尺寸为100×20×20，制作比例为1∶1。

三、 孔明锁的制作步骤

孔明锁的制作比较简单，就是六根木条裁掉不同的缺口。下面介绍孔明锁制作步骤。

1. 制作孔明锁基体木条。

2. 绘制孔明锁基体剔槽线。

3. 对孔明锁基体进行剔槽。

4. 对孔明锁毛坯体进行着色。

5. 对孔明锁进行装配。

四、孔明锁的制作过程

第一步 制作孔明锁基体木条

1.制作基体：打开3D One软件，把视图角度调成"上"。鼠标选取"矩形" ▢ 命令，以屏幕窗口的中心点为起点绘制一个100×20的矩形，如左图所示。对草图进行拉伸，拉伸距离为20，如右图所示。

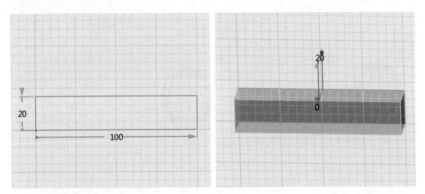

2.把基体阵列成六根：把视图角度调成"上"，鼠标选取"阵列" ▦ 命令，出现对话框，选择"线性"阵列，阵列距离为200，阵列数量为6，如左图所示。确定完成，如右图所示。

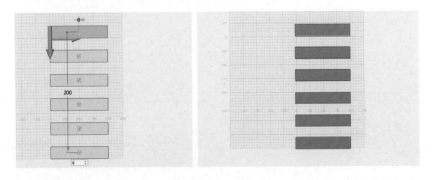

第二步 绘制孔明锁基体剔槽线

1. 在第二根基体上绘制剔槽线：鼠标选取"矩形" □ 命令，在下数第二根基体上面以左上角为起点绘制30×（－20）的定位矩形，如左图所示。以定位矩形右上角为起点绘制40×（－20）的矩形，如右图所示。然后删除定位矩形，确定完成。

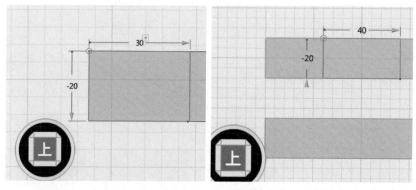

2. 在第三根基体上绘制剔槽线：鼠标选取"矩形" □ 命令，在下数第三根基体上面以左上角为起点绘制（－30）×20的定位矩形，然后以定位矩形右上角为起点绘制20×（－20）的矩形，如左图所示。以刚绘制的矩形右下角为起点绘制20×10的矩形，如右图所示。然后删除定位矩形和两矩形重叠线，确定完成。

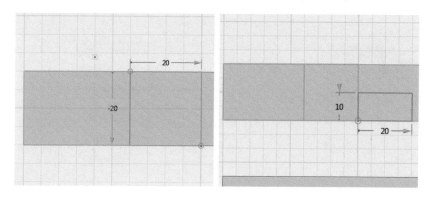

3. 在第四根基体上绘制剔槽线：鼠标选取"矩形"□ 命令，在下数第四根基体上面以左上角为起点绘制30×（−20）的定位矩形，如左图所示。然后以定位矩形右上角为起点绘制40×（−20）的矩形，如右图所示。删除定位矩形，确定完成。

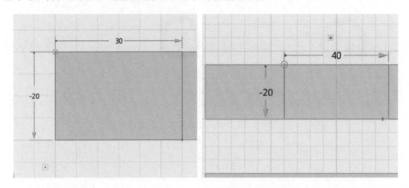

4. 把视图角度调成"下"，在下数第三根基体上面（也就是刚才绘制的基体背面）以左上角为起点绘制40×（−20）的定位矩形，如左图所示。然后以定位矩形右上角为起点绘制20×（−10）的矩形，如右图所示。删除定位矩形，确定完成。

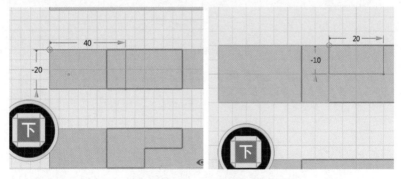

5. 在第五根基体上绘制剔槽线：把视图角度调为"下"，在下数第二根基体上面（也就是第五根基体背面）绘制40×（−20）的定位矩形，如左图所示。然后以定位矩形右上角为起点绘制20×（−10）的矩形，如右图所示。删除定位矩形，确定完成。

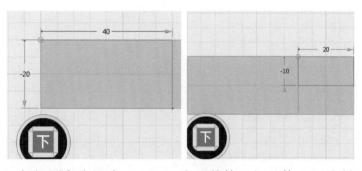

6. 把视图角度调成"上"，在下数第五根基体上面绘制30×（-20）的定位矩形，如左图所示。以定位矩形右上角为起点绘制40×（-20）的矩形，如右图所示。

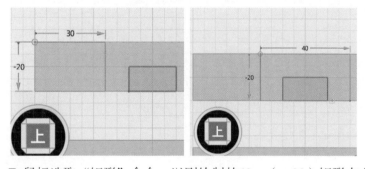

7. 鼠标选取"矩形"命令，以刚绘制的40×（-20）矩形右上角为起点绘制（-20）×（-10）的矩形，如左图所示。然后以刚绘制的（-20）×（-10）矩形右上角为起点绘制（-10）×（-10）的矩形，如右图所示。

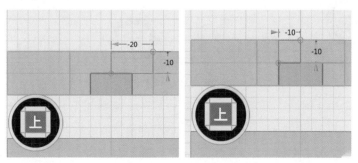

8. 鼠标选取"单击修剪" ✗ 命令，删除掉多余线段，留下如图所示图形，确定完成。

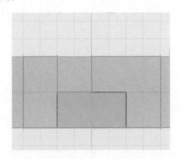

9. 在第六根基体上绘制剔槽线：把视图角度调成"上"，在下数第六根基体上面以左上角为起点绘制30×（−20）的定位矩形，如左图所示。然后以定位矩形右上角为起点绘制40×（−20）的矩形，如右图所示。

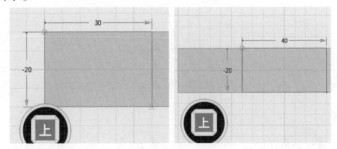

10. 以之前绘制的40×（−20）矩形右上角为起点绘制（−10）×（−10）的矩形，如左图所示。然后以刚绘制的（−10）×（−10）矩形右上角为起点绘制（−20）×（−10）的矩形，如右图所示。

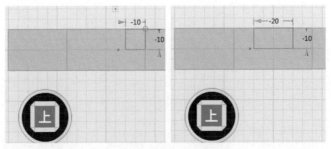

11.鼠标选取"单击修剪" ✂ 命令，删除掉多余线段，留下如图所示图形，确定完成。

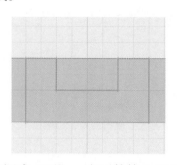

12.把视图角度调成"下"，在下数第六根基体上面（刚绘制基体的背面）以左上角为起点绘制40×（－20）的定位矩形，如左图所示。然后以定位矩形右上角为起点绘制10×（－10）的矩形，如右图所示。删除定位矩形，确定完成。

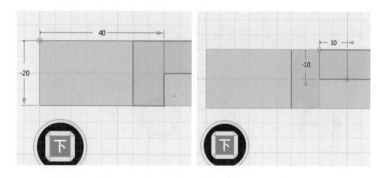

第三步 对孔明锁基体进行剔槽

1.对第二、第三根基体进行剔槽：调整视图角度为"上"，鼠标选取"拉伸" 📦 命令，出现对话框，选择"减运算"，"轮廓"选择第二根基体，"拉伸类型"选择一边，"方向"选择向下，拉伸距离为－10，确定完成，如左图所示。采用同样方法对第三根基体进行拉伸剔槽，如右图所示。

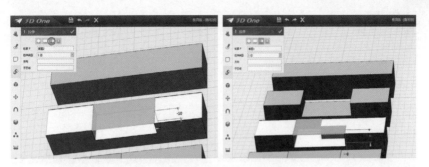

2. 采用同样方法对第四根基体进行拉伸剔槽，如左图所示。采用同样方法对第五、第六根基体进行拉伸剔槽，如右图所示。

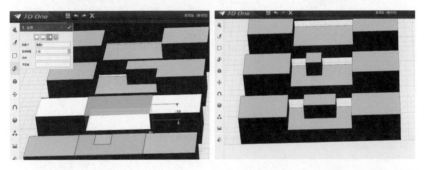

3. 调整视图角度为"下"，对第六根基体进行剔槽。鼠标选取"拉伸" 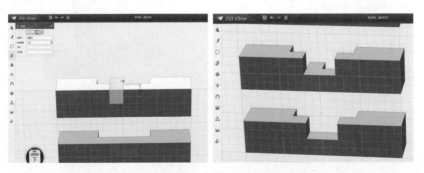 命令，出现对话框，选择"减运算"，"轮廓"选择第六根基体，"拉伸类型"选择一边，"方向"选择向下，距离输入－20，确定完成，如左图所示。然后采用同样方法对第四、五根基体进行拉伸剔槽，如右图所示。

第四步 对孔明锁毛坯体进行着色

鼠标选取右侧"贴图"工具，选择"木纹2"，出现对话框，"实体"选择第一根基体所有面，宽度为100，高度为100，其他默认，如左图所示。采用同样方法对其他几根基体进行贴图，如右图所示。

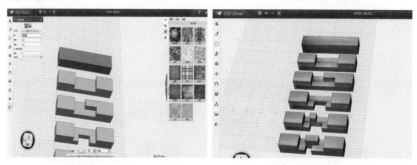

第五步 对孔明锁进行装配

1. 按照左图所示样式对六根基体进行排序、编号，注意编号是从下到上依次为1~6。取第一、第二根基体按照右图所示位置样式摆好。

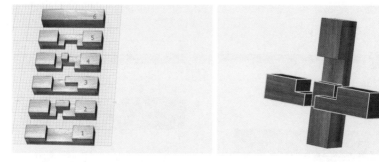

2. 把第三根基体按照左图所示样式位置插摆好。把第四根基体按照右图所示样式位置插摆好。

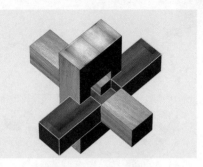

3. 把第五根基体按照左图所示样式位置插摆好，然后把第六根基体按照右图所示样式位置插摆好。完成后把六根木条组合在一起。

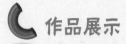 作品展示

　　孔明锁打印前把六根锁体摆放在一个平面上，为了减少支撑，尽力使凹面朝上，如左图所示。另外考虑外胀问题，把每个接触面向内缩进0.1mm，如右图所示。使之装配顺畅，松紧合适。

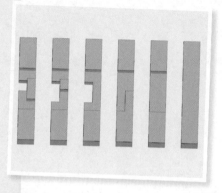
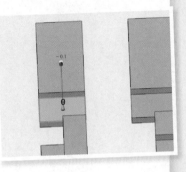

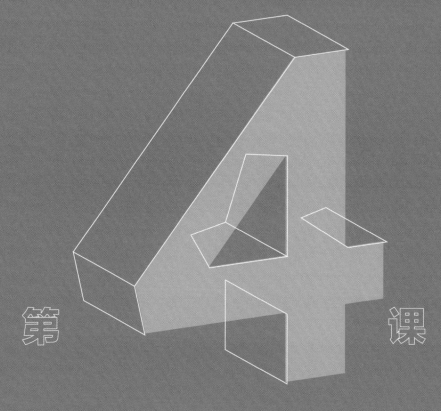

第 4 课

古代铜锁

一、追溯古锁的渊源

古锁初称牡、闭、钥、链、铃等，早期采用竹、木结构。我国的金属锁最早出现在汉代，是簧片结构锁，如右图所示。古代锁具的类型分为簧片构造锁与文字密码锁两大类。簧片构造锁又分为广锁、花旗锁、刑具锁及首饰锁，多为横式锁具，用于门、

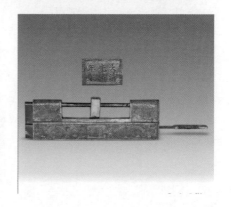

柜、箱。文字密码锁开启时用的是一系列的数字或文字，文字密码锁可分为机械密码锁、数字密码锁等。密码锁利用一个转盘，把锁内的数个碟片或凸轮转动；或转动一组数盘，直接带动锁内部的机械。

明代以前的广锁，端面呈长圆筒形。明清时期的广锁，端面上部呈三角形。光绪年间多产于绍兴，又称"绍锁"。这些锁大多为铜质，正面呈凹字状，端面是三角形与长方形的组合，如下图所示。

在20世纪50年代，成本较低的低焊钩锁、叶片锁、弹子锁陆续进入我国市场，中国古锁从此退出了历史舞台。

（1）古锁分类

按材质分，有木锁、金锁、银锁、铜锁、铁锁等；按形式分，有圆形锁、方形锁、枕头锁、文字锁、人物锁、动物锁、密码锁、暗门锁、倒拉锁、炮筒

锁等；按用途分，有挂锁、门锁、箱锁、橱锁、盒锁、抽屉锁、仓库锁等；按工艺分，有平雕锁、透雕锁、镂空雕锁、錾花锁、鎏金锁、包金锁、镀金锁、镶嵌锁以及制模铸造锁等。

（2）开锁原理。

俗话说：一把钥匙开一把锁，古锁的锁孔形状千奇百怪，有长方形、锯齿形、圆洞形、小方孔和一、上、工、吉、喜等字形。例如，"迷宫锁"（又称"定向锁"），是运用几何原理和逆向思维制成的，就算拿到钥匙也要费一番周折才能打开。

"无匙锁"，根本不用钥匙，开启的关键在于拇指、食指、中指的默契配合和用力恰当的手上功夫。锁机关设计非常巧妙，工艺精湛，锁孔暗藏起来，即使找到锁孔也还需要手指的配合。像藏诗锁，是横式圆柱体，在轴心排列着5个大小相同的铜箍，每个铜箍表面都刻有清秀的汉字。只有铜箍转到造锁人预定的那句诗才能打开。

本课用3D One制作的古代铜锁如图所示。

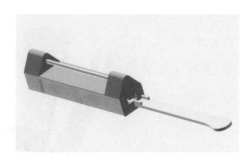

二、 古代铜锁的制作构思

古代铜锁是通过金属铸造技术制作的。在3D打印设计时首先制作锁体，根据锁体大小制作锁芯，锁芯旁两个板片张开并卡在锁体内，使其不能从锁体内退出。所以锁口空间要比锁腹部空间略小，用来挡住锁芯板片。开锁的奥秘在于锁孔和钥匙具有一样的形状，钥匙上有两个挡板，插入锁体中恰好把锁芯板片并拢，从而完成开锁（制作铜锁需要遵循这个"法则"）。

制作尺寸为145×30×36，制作比例为1∶1。

三、 古代铜锁的制作步骤

下面介绍铜锁制作步骤。

1. 制作铜锁基体。

2. 制作铜锁锁芯插销。

3. 制作铜锁钥匙。

4. 制作铜锁圆角、雕花。

四、 古代铜锁的制作过程

第一步 制作铜锁基体

1. 制作铜锁基体：打开3D One软件，把视图角度调成"上"。鼠标选取"直线" 命令，绘制一个如左图所示的样式和大小草图。对草图进行拉伸，拉伸距离为145，如右图所示。

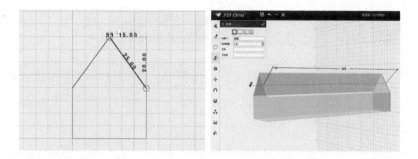

2. 把视图角度调成"右"，鼠标选取"矩形" ▭ 命令，在锁面基体上单击确定绘制面，以锁面的左上角为起点绘制20×（－22.5）的定位矩形，如左图所示。鼠标以定位矩形的右下角为起点绘制20×（－100）的矩形，如右图所示。

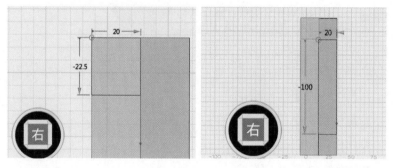

3. 删除定位矩形，拉伸矩形，选择"减运算"，拉伸距离为－30，如左图所示，减去中间部分。鼠标选取"圆角" ◑ 命令，上面圆角度数为5，其他角圆角度数为2，如右图所示。

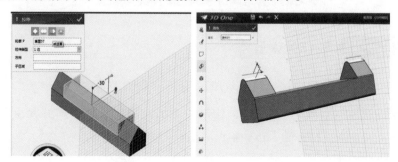

4.鼠标选取"抽壳" 🔲 命令，出现对话框，造型选择锁体，厚度为－1.5，"开放面"选择侧面，如左图所示。把视图角度调成"上"，鼠标选择"参考几何体" 🔲 命令，选中内边沿，绘出参考线，如右图所示。

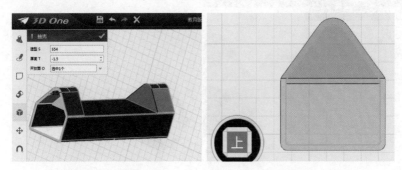

5.鼠标选取"偏移曲线" 🔗 命令，出现对话框，"曲线"选择刚绘制的曲线，"距离"为－1.5，如左图所示。利用"单击修剪" 🔪 命令删除多余线段，并连接未接头的线段。鼠标选取"拉伸" 🔲 命令，出现对话框，选择"加运算"，拉伸距离为－20，如右图所示。

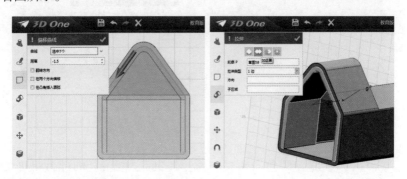

第二步 制作铜锁锁芯插销

1.鼠标选取"参考几何体" 🔲 命令，绘制出锁门内边线。然后鼠标选取"拉伸" 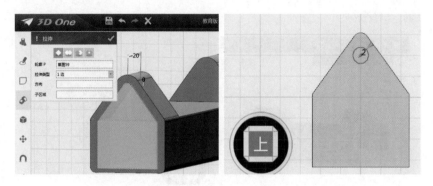 命令，对这个草图向内拉伸－20，如左图所示。隐藏锁体，把视图角度调成"上"，在基体上部如右图所示位置绘制半径为2的圆。

2. 鼠标选取"拉伸" 命令，把半径为2的圆拉伸－145，如左图所示。鼠标选取"倒角" 命令，对圆柱头部进行倒角，倒角度数为2，如右图所示。

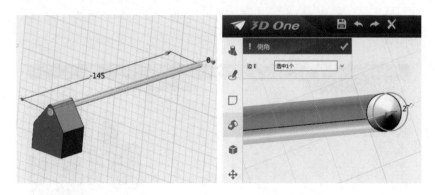

3. 鼠标选取"圆角" 命令，对之前"倒角"的部分再进行"圆角" ，圆角度数为6，如左图所示。把视图角度调成"下"，鼠标选取"矩形" 命令，以多边形左上角为起点绘制11×（－2）的定位矩形，如右图所示。

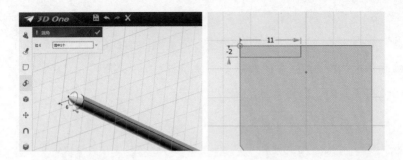

4. 鼠标选取"矩形" □ 命令，以刚绘制的11×（−2）定位矩形的右下角为起点绘制2×（−14）的矩形，如左图所示。删除定位矩形，对刚绘制矩形进行拉伸，拉伸距离为124，如右图所示。

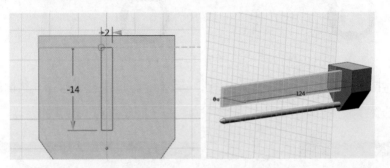

5. 把视图角度调成"左"，鼠标选取"矩形" □ 命令，在上面刚拉伸的基体上单击确定绘制面，在如左图所示位置绘制14×（−124）的矩形。然后对草图进行拉伸，拉伸距离为2，如右图所示。

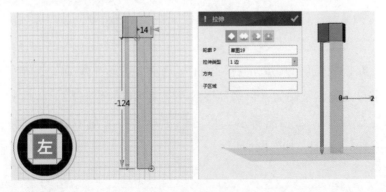

6. 把视图角度调成"前"，鼠标选中刚制作的基体，选取"移动" 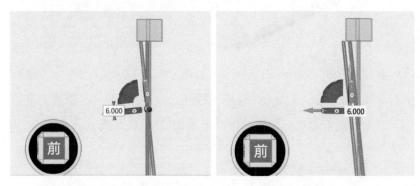 命令，选择"动态移动"，移动方向为红色扇形圆周方向，移动角度为6°，如左图所示。再次选择"动态移动"，移动方向为绿色箭头方向，向外移动6，如右图所示。

7. 在右侧采用同样方法重做一个，或直接"镜像" 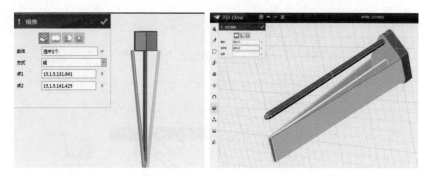 一个，如左图所示。鼠标选取"组合编辑" 命令，出现对话框，"基体"选择多面体，"合并体"选择圆柱体和三个长方体，如右图所示。

8. 把视图角度调成"右"，鼠标选取"矩形" □ 命令，在多面体上单击确定绘制面，以多面体的左上角为起点绘制7.5 ×（−50）的定位矩形，如左图所示。以定位矩形的右下角为起点绘制3 ×（−100）矩形，如右图所示。

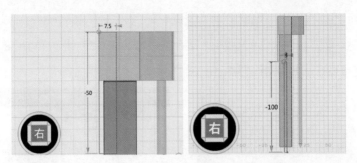

9. 删除定位矩形，拉伸刚绘制矩形，"拉伸类型"选择对称拉伸，拉伸距离为30，选择"减运算"，如左图所示，确定完成。显示锁体，隐藏锁芯，把视图角度调成"下"，鼠标选取"矩形"▭ 命令，以锁体侧面上沿中点为起点绘制（–6）×（–9）的定位矩形，如右图所示。

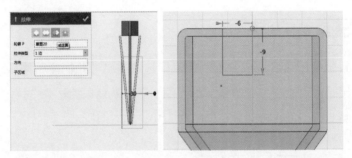

10. 鼠标选取"矩形"▭ 命令，以定位矩形的左下角为起点绘制 12×（–3）的矩形，如左图所示。删除定位矩形，在刚绘制矩形下边两个角上分别绘制2×（–3）和（–2）×（–3）的矩形，如右图所示。

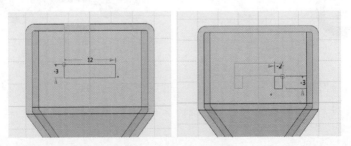

11. 鼠标选取"单击修剪" ⊀ 命令，删除如图位置线段，如左图所示。然后鼠标选取"拉伸" ⬚ 命令对这个草图进行拉伸，选择"减运算"，拉伸距离为 - 10，如右图所示绘制出锁眼。

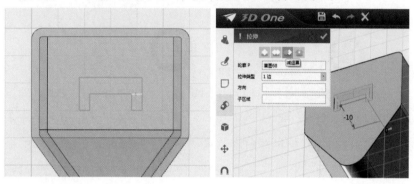

第三步 制作铜锁钥匙

1. 把视图角度调成"下"，鼠标选取"参考几何体" ⬒ 命令，单击锁眼边沿绘制出锁眼线，如左图所示。然后鼠标选取"拉伸" ⬚ 命令对此草图进行拉伸，拉伸距离为10，如右图所示。

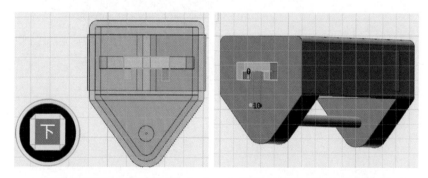

2. 鼠标选取"矩形" ⬚ 命令，在刚拉伸体上单击确定绘制面，以刚拉伸体左下角为起点绘制2×3的定位矩形，如左图所示。以刚绘制的定位矩形左上角为起点绘制12×3的矩形，如右图所示。

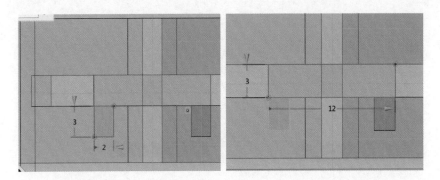

3. 删除定位矩形，拉伸刚绘制的草图，拉伸距离为120，如左图所示。把视图角度调成"前"，鼠标选取"圆形" ⊙ 命令，在长方体头部绘制半径为10的圆，如右图所示。

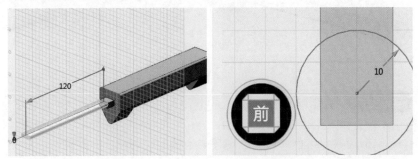

4. 对圆形草图进行拉伸，拉伸距离为－3，选择"加运算"，如左图所示。鼠标选取"圆角" ◐ 命令，对圆柱体与长方体接口部位进行圆角，圆角度数为50，如右图所示。

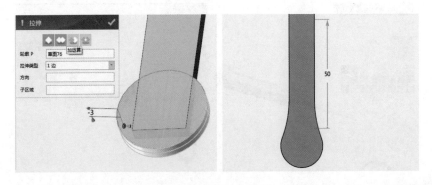

5. 鼠标选取"组合编辑"  命令，出现对话框，"基体"选择钥匙头，"合并体"选择锁柄，选择"加运算"，把钥匙组合成一个整体，如左图所示。显示全部基体，把插销复制成两个，鼠标选取"组合编辑"命令，出现对话框，"基体"选择锁体，"合并体"选择插销，选择"减运算"，在锁体上为插销开孔，如右图所示。

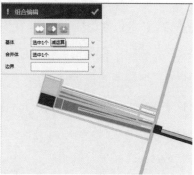

第四步 制作铜锁圆角、雕花

鼠标选取"颜色"命令，选择一个接近"铜色"的颜色，为其上色，如左图所示。鼠标选取右侧"贴图"命令，为铜锁贴上图案（注意：图案形状一定要与锁侧面形状相接近）。宽度为160，高度为25，透明度为50%，如右图所示。

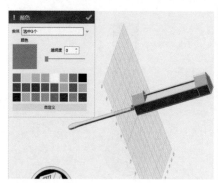
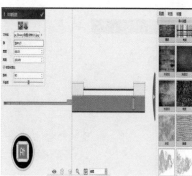

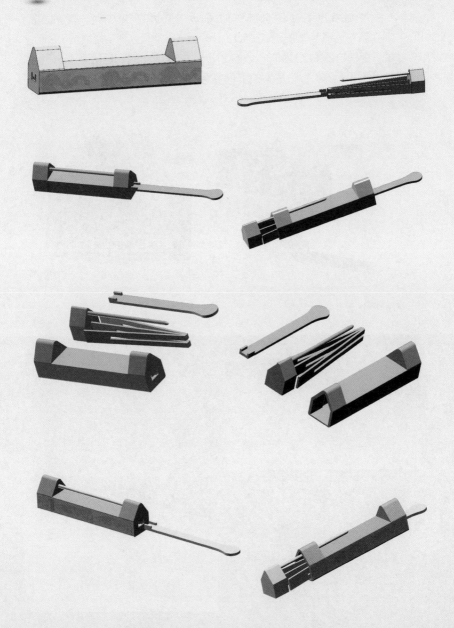

作品展示

古代铜锁锁孔锁口部位制作时采取外小内大的结构方式，插销插进锁孔后，插销两壁张开卡在锁口上不会退出来，达到了"锁上"的目的。插销与锁体接触面向内收缩0.1mm进行打印，打印后插销才正好能插进锁孔（因3D打印基体在打印时都会外胀0.1mm左右），纵切效果如图所示。

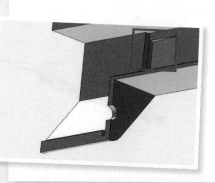

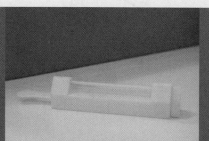

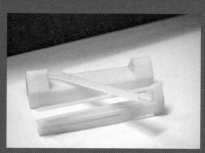

第5课

双作用
活塞式风箱

扫码观看
讲解视频

一、追溯活塞风箱的渊源

活塞风箱是过去农村用的一种为火灶提供吹风的木制装置，其作用是驱使柴火烧得更旺。它出现于唐宋时代，古书《演禽斗数三世相书》中刊载有一幅世界上最古老的双动式活塞风箱图。

以前农村家家户户伙房里都有用砖砌成的灶台，灶台旁边放着一个风箱，如上图所示。锅里填好水以后，点燃柴火放进锅灶口内，右手拉风箱，左手添柴火，使柴火烧得更旺。在20世纪90年代末，有的农村地区还在使用这种古老的鼓风机器。

风箱的基本原理：活塞风箱由木箱、推拉手柄、活动风板活塞及活动门组成。用手拉开活动风板活塞，空气通过进风口进入木箱；推动风板活塞压缩木箱内空气，木箱内的空气通过出风口而进入到输风管，最后进入灶台中。

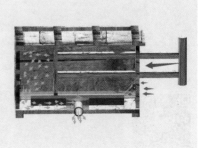

二、 活塞风箱的制作构思

如右图所示的活塞风箱制作时，首先制作箱体，确定长宽高，箱体板间连接采取梯形榫卯结构，这个结构即使不用钉子也不容易胀开。通过箱体尺寸确定箱内活塞风板尺寸、风箱杆及推拉手柄

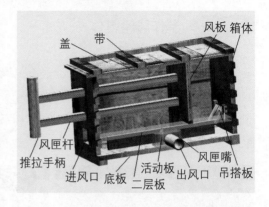

盖　带　风板 箱体
风匣杆
推拉手柄
进风口　底板
二层板
活动板
出风口　吊搭板
风匣嘴

尺寸。然后制作风道及风道活动门，边制作边安装，以便于测量部件尺寸。最后制作前后风门及出风口。活塞风箱制作时尽量不采用金属钉和金属栓，应利用"木板"完成。下侧的风道的制作过程没有采用榫卯结构，而是直接略过，也可采用榫卯结构完成。榫卯结构充分体现了古代木工文化的博大精深。

制作尺寸为78×26×40，制作比例为1∶10。

三、 活塞风箱的制作步骤

下面介绍活塞风箱的制作步骤。

1. 制作风箱基体。
2. 制作风板活塞和推拉手柄。
3. 制作活动风门（进风口）。
4. 制作出风口。

四、 活塞风箱的制作过程

第一步 制作风箱基体

1.制作风箱侧面基体：打开3D One软件，把视图角度调成
"上"。鼠标选取"矩形" ▢ 命令，以屏幕窗口的中心点为起点绘
制一个65×36的矩形，如左图所示。然后对矩形进行一边拉伸，拉伸
距离为2，如右图所示。

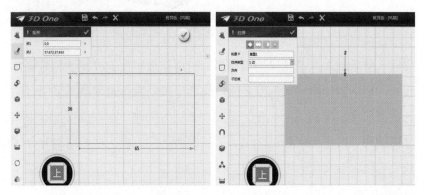

2.制作侧板榫卯：以基体左上角为起点绘制4×（–2）的矩
形，如左图所示。然后对矩形进行一边拉伸，拉伸距离为–2，如右
图所示。

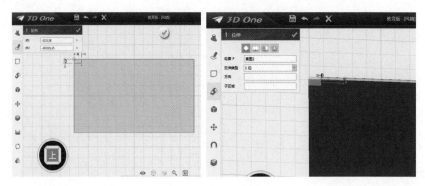

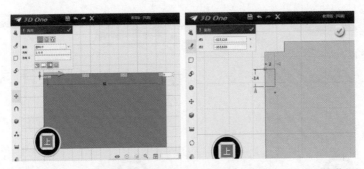

3. 鼠标选取"阵列" ⠿ 命令，选择"减运算"，把刚拉伸的基体向右阵列四个，阵列距离为61，如左图所示，为侧板剔槽。在如右图所示位置绘制两个2×（−3.4）的矩形。

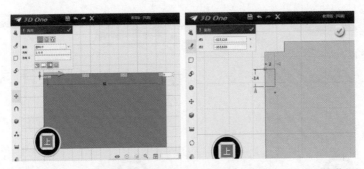

4. 在第二个矩形里面如左图所示位置绘制两个2×0.5的草图。鼠标选取"直线" ╲ 命令，连接如右图所示矩形顶点。

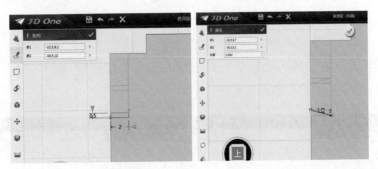

5. 鼠标选取"单击修剪" ⋈ 命令，删除多余线段，留下梯形，如左图所示。拉伸梯形草图，拉伸距离为−2，如右图所示。

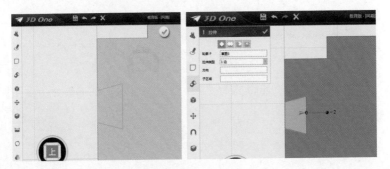

6. 将"显示模式"调成"线框模式"，鼠标选取"阵列" ⊞ 命令，选择"减运算"，阵列距离为23.8，阵列数量为5，如左图所示（这个步骤是剔槽过程）。在右侧采用同样方法剔槽，如右图所示。

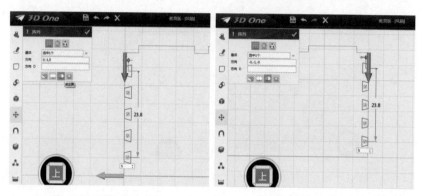

7. 将"显示模式"调回"着色模式"。采用同样方法再制作一个侧板，这里直接采用"阵列" ⊞ 命令，阵列距离为24，如左图所示。把视图角度调成"左"，鼠标选取"矩形" ▢ 命令，在板立面凸出部分单击确定绘制面，以上板右上角为起点绘制（−34）×（−26）的矩形，如右图所示。

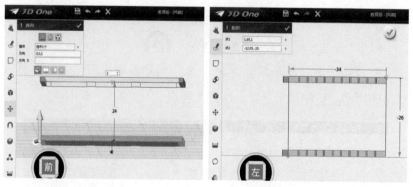

8. 拉伸草图，拉伸距离为−2，如左图所示。如右图所示，把上下板基体复制成两份。

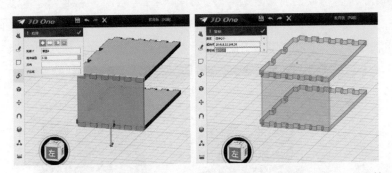

9. 鼠标选取"组合编辑" 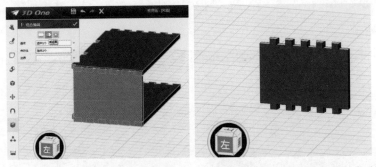 命令，选择"减运算"，"基体"选择中间板体，"合并体"选择上下板体，为中间的板剔槽，如左图所示。制作完成的效果如右图所示。

10. 在另一侧制作同样的基板，这里直接采用"镜像" 命令，如左图所示。把视图角度调成"后"，在凹槽板面上单击确定绘制面，在如右图所示位置绘制4×（−26）的矩形。

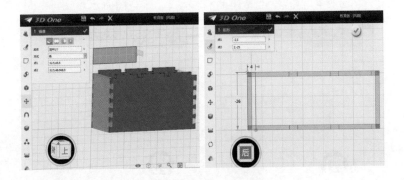

11. 拉伸草图，拉伸距离为2，如左图所示。在右侧三个凹槽同样制作基体，这里直接采用阵列命令，阵列距离为61，如右图所示。

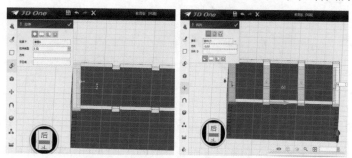

12. 把视图角度调成"右"，在如左图所示位置绘制（−1）×（−1）的定位草图。在定位草图下面绘制1×（−24）的矩形，如右图所示。

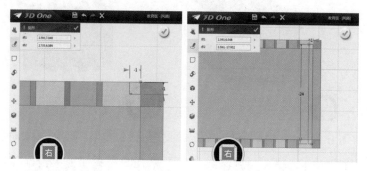

13. 删除定位草图，拉伸矩形，拉伸距离为−66，如左图所示。利用"动态移动"命令把基体向右移动2，如右图所示。

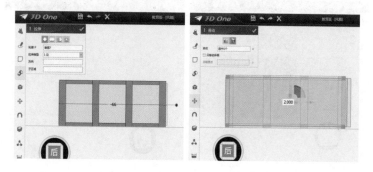

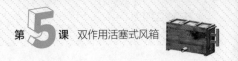

14. 如左图所示，把刚制作的基体复制成两个。鼠标选取"组合编辑" 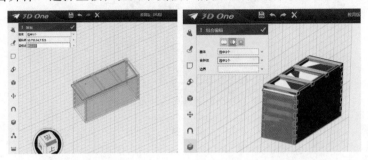 命令，选择"减运算"，"基体"选择两个侧板和前板，"合并体"选择上板，在两个侧板和前板上剔出槽，如右图所示。

15. 把视图角度调成"前"，鼠标选取"矩形" □ 命令，在侧板窄面上单击确定绘制面，绘制65×（–26）的草图，如左图所示。拉伸草图，拉伸距离为2，如右图所示。

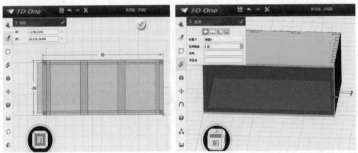

16. 在如左图所示位置绘制4×（–26）的矩形。拉伸草图，拉伸距离为2，如右图所示。

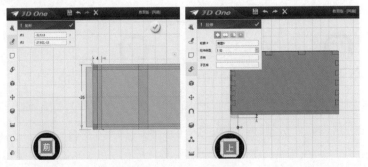

17. 把长方体阵列成两个，阵列距离为61，如图所示。

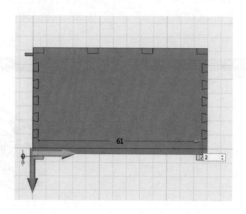

第二步 制作风板活塞和推拉手柄

1. 把风箱上部隐藏，只留底部。调整视图角度为"后"，以基体左下角为起点绘制8×7.5的定位矩形，如左图所示。然后以定位矩形的右上角为起点绘制49×1.5的矩形，如右图所示。

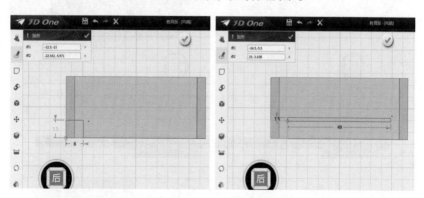

2. 删除定位矩形，拉伸草图，拉伸距离为5.5，如左图所示。把视图角度调成"后"，鼠标在刚制作的立板上单击确定绘制面，以基体左下角为起点绘制2×9的定位矩形，如右图所示。

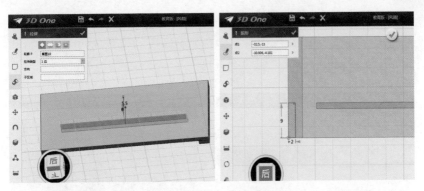

3. 鼠标以定位矩形的右上角为起点绘制61×（−7）的矩形，如左图所示。删除定位矩形，拉伸草图，拉伸距离为1.5，如右图所示。

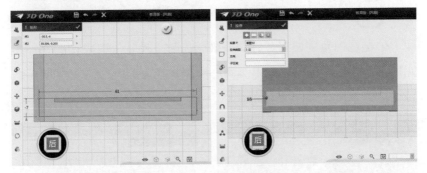

4. 把视图角度调成"下"，鼠标选取"矩形" ☐ 命令，在凹槽中单击确定绘制面，在如左图所示位置绘制24×（−5.5）的定位矩形。然后在定位矩形右侧绘制1×（−5.5）的矩形，如右图所示。

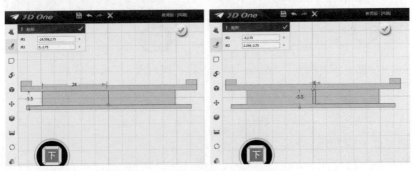

5. 删除定位矩形,拉伸草图,拉伸距离为5.5,如左图所示。鼠标选取"圆角" 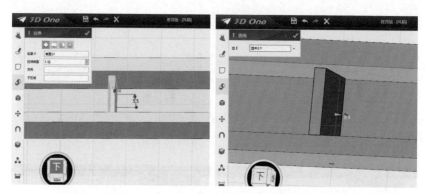 命令,对基体在如右图所示位置的两个棱进行圆角,圆角度数为0.5。

6. 把视图角度调成"后",鼠标选取"圆形" ⊙ 命令,在如左图所示位置以半圆的中心点为圆心绘制半径为0.2的圆。拉伸圆形,拉伸距离为−8,如右图所示。

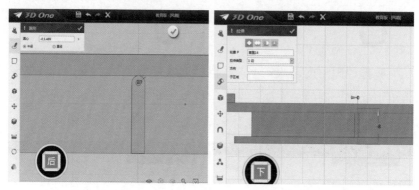

7. 把"显示模式"调成"线框模式",把圆柱复制成两个,如左图所示。鼠标选取"组合编辑" 命令,选择"减运算","基体"选择横板、立板和底板,"合并体"选择圆柱体,为圆柱剔出槽,如右图所示。

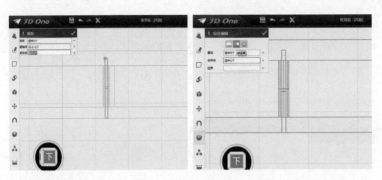

8. 把"显示模式"调成"着色模式",把视图角度调成"右"。鼠标选取"矩形" □ 命令,在凸出小横板上单击确定绘制面,在如左图所示位置绘制33×22的矩形。以矩形左下角为起点绘制7×7的矩形,如右图所示。

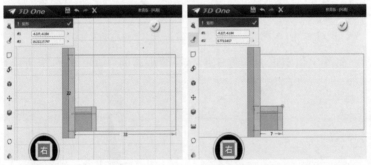

9. 鼠标选取"单击修剪" ╫ 命令,删除多余部分,如左图所示。拉伸草图,拉伸距离为−2,如右图所示。

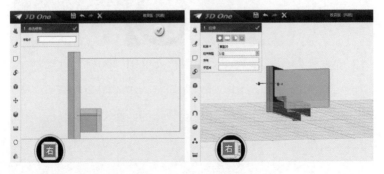

10.把视图角度调成"上"，利用"动态移动"命令把刚制作的基体向左移动4，如左图所示。把视图角度调成"右"，鼠标选取"矩形" ▢ 命令，在右侧大面板上单击确定绘制面，在如右图所示位置绘制24×（−11.5）的定位矩形。

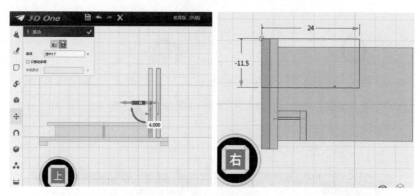

11.以定位矩形的右下角为起点绘制3×（−3）的矩形，如左图所示。删除定位矩形，拉伸矩形，拉伸距离为−70，如右图所示。

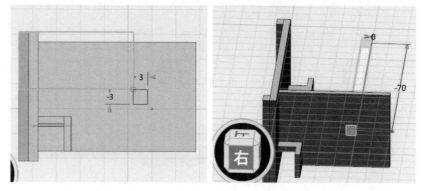

12.在左侧制作同样的一个基体，这里用"阵列"方法把基体向左阵列一个，阵列距离为10，如左图所示。把视图角度调成"上"，同时按键盘"Ctrl+C"组合键，把刚制作的两个基体复制成三份，如右图所示。

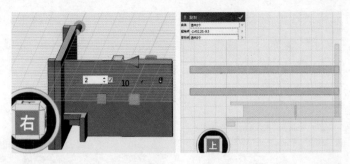

13. 显示全部基体，鼠标选取"组合编辑" 🔳 命令，选择"减运算"，"基体"选择前板，"合并体"选择两个刚拉伸的基体，为前板开孔，如左图所示。隐藏风箱侧板和活塞板基体，露出两个横杆，鼠标选取"矩形"命令在横杆上单击，在两个横杆左端绘制4×（−13）的矩形，如右图所示。

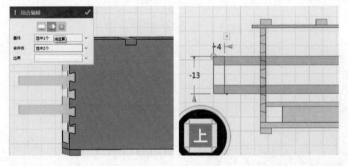

14. 鼠标选取"拉伸" 🔳 命令，选择"减运算"，拉伸距离为−1，为横杆剔槽，如左图所示。采用同样方法在另一面进行拉伸剔槽，如右图所示。

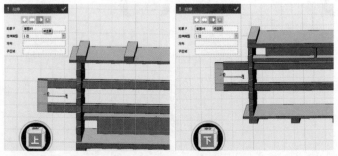

15. 在横杆另一头绘制2×（－13）的矩形，如左图所示。鼠标选取"拉伸" 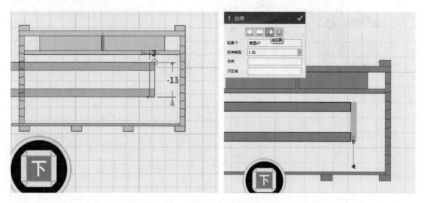 命令，选择"减运算"，拉伸距离为－1，为横杆剔槽，如右图所示。

16. 在另一面采用同样方法制作剔槽。把视图角度调成"后"，鼠标选取"圆形" ⊙ 命令，在如左图所示位置绘制半径为2.3的圆形。拉伸圆形，拉伸距离为－25，如右图所示。

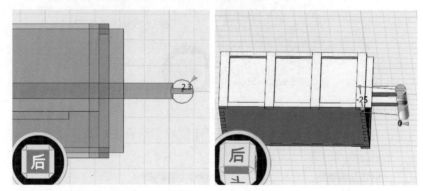

17. 把视图角度调成"下"，把圆柱向下"动态移动"－8，如左图所示。鼠标选取"组合编辑" 命令，选择"减运算"，"基体"选择圆柱，"合并体"选择两个横杆，在圆柱上剔出槽，如右图所示。

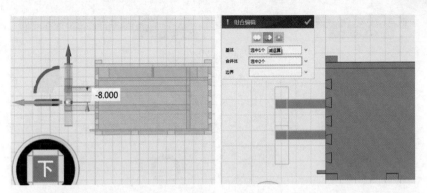

18.隐藏侧箱盖，显示活塞板，把横杆复制成两个，如左图所示。鼠标选取"组合编辑" 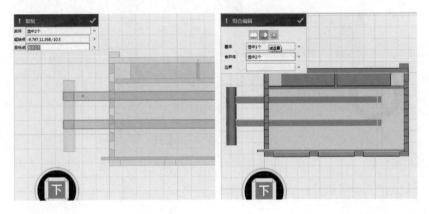 命令，选择"减运算"，"基体"选择箱内板体，"合并体"选择两个横杆，为箱内活塞板剔出槽，如右图所示。

第三步　制作活动风门

1.把视图角度调成"左"，以风箱右上角为起点绘制（-7）×（-10）的定位矩形，如左图所示。然后以定位矩形的左下角为起点绘制（-6）×（-6）的矩形，如右图所示。

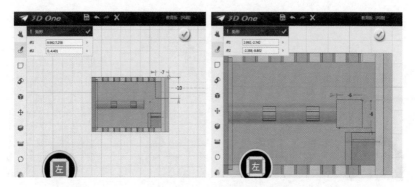

2. 删除定位矩形，拉伸草图，拉伸距离为70，制作一个开孔工具，如左图所示。把拉伸体复制成两个，如右图所示。

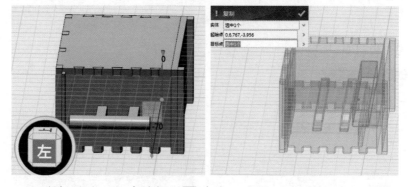

3. 鼠标选取"组合编辑" 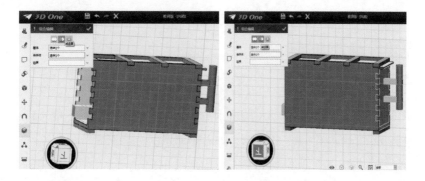 命令，选择"减运算"，"基体"选择后板，"合并体"选择拉伸体，为后板开孔，如左图所示。采用同样方法为前板开孔，如右图所示。

4. 隐藏其他挡板，只留后板。把视图角度调成"左"，在如左图所示位置绘制1×1的定位矩形。然后以定位矩形的右上角为起点绘制（−8）×（−8）的矩形，如右图所示。

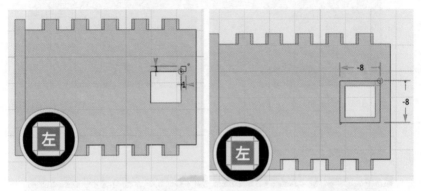

5. 删除定位矩形，分别以矩形的左上角和右下角为起点绘制1×2和1×（−2）的矩形，如左图所示。鼠标选取"单击修剪" ⻌ 命令，删除多余连线，如右图所示。

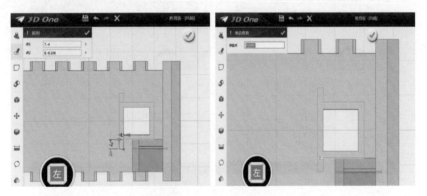

6. 拉伸草图，拉伸距离为1，如左图所示。鼠标选取"圆角" ◐ 命令，对如右图所示位置的棱进行圆角，圆角度数为0.5，把长方体变成圆柱体。

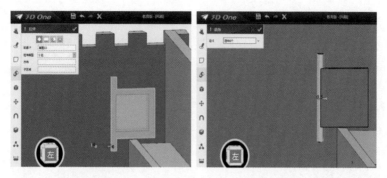

7. 在如左图所示位置，鼠标选取"矩形"命令，在底板上单击确定绘制面，绘制3×（−2）的矩形。拉伸刚绘制的矩形，拉伸距离为1.5，如右图所示。

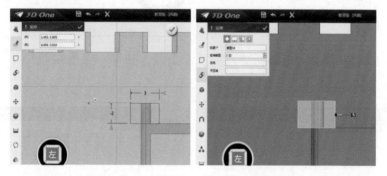

8. 把风门复制成两个，如左图所示。鼠标选取"组合编辑" 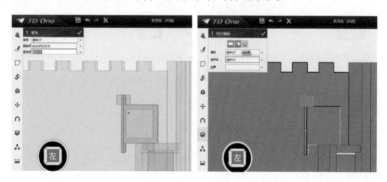 命令，选择"减运算"，"基体"选择刚拉伸的长方体，"合并体"选择风门，在长方体上绘制出圆孔，如右图所示。

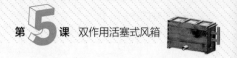

9.在风门另一侧采用同样方法制作风门固定槽，这里直接采用阵列方式，阵列距离为10，如左图所示。风箱前板的风门和固定槽直接采用"镜像" 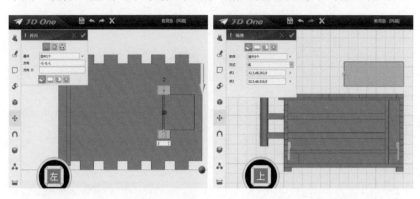 命令，镜像线距离风箱后板32.5处，如右图所示。

第四步 制作出风口

1.把视图角度调成"下"，在如左图所示位置绘制26.5×（﹣4）的定位矩形。然后以定位矩形的右下角为起点绘制12×（﹣5.5）的矩形，如右图所示。

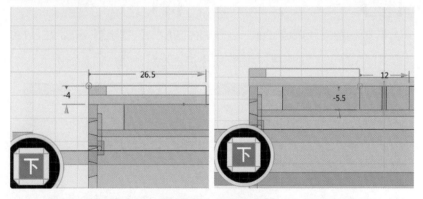

2.删除定位矩形，拉伸矩形，拉伸距离为6，如左图所示。把视图角度调成"前"，在如右图所示位置绘制2×4的定位矩形。

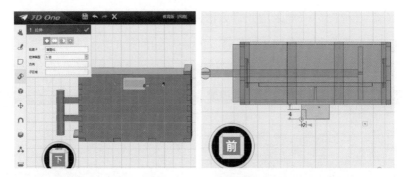

3. 以定位矩形右上角为起点绘制8×2的矩形，如左图所示。删除定位矩形，鼠标选取"拉伸" 命令，选择"减运算"，拉伸距离为－6，在基体上绘制出一个槽，如右图所示。

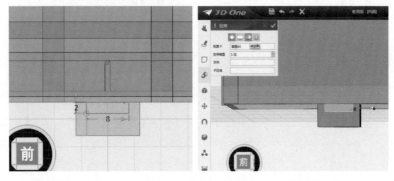

4. 把视图角度调成"前"，在如左图所示位置绘制一个3.25×2和一个（－3.25）×2的矩形。用直线连接矩形对角线，如右图所示。

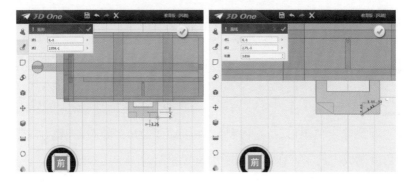

5. 删除矩形，鼠标选取"实体分割" 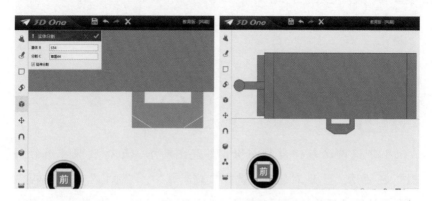 命令，把基体分割成三部分，如左图所示。删除多余部分，如右图所示。

6. 把视图角度调成"下"，在刚制作的基体上面制作一个底面半径为2.5、高为10的圆柱体，如左图所示。在圆柱体上面绘制半径为2的圆形，如右图所示。

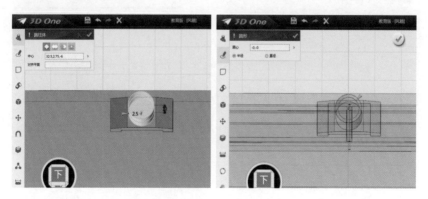

7. 拉伸圆形，选取"减运算"，距离为－14，如左图所示，为基体开孔。把视图角度调成"后"，利用"动态移动"命令把两个基体向上移动4，如右图所示。

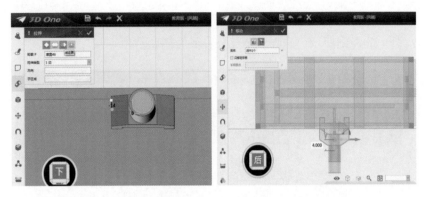

8.把这两个基体复制两份，如左图所示。鼠标选取"组合编辑" 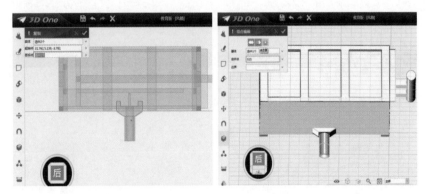 命令，出现对话框，选择"减运算"，"基体"选择侧板，"合并体"选择出风嘴两个基体，在侧板上开孔，如右图所示。至此风箱制作完成。

 作品展示

小技巧

　　活塞风箱箱体板连接采用梯形榫卯结构，古代这种连接木板的方式大多应用于箱体结构之中，它能够有效地限制前后箱板向前后方向张开（因风箱活塞是前后移动），增加了箱体结构的稳定性，如图所示。

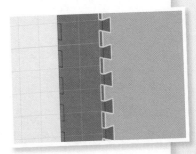

第6课

耧车

一、追溯耧车的渊源

耧（lóu）车也叫"耧犁""耙耧"，是播种用的一种农具。由耧把、种子斗、耧腿等构成。耧车由汉武帝时赵过所发明，在我国北方部分农村至今还在使用三脚耧车。耧车有独脚、二脚、三脚、四脚数种，以二脚、三脚较为普遍。一次播种可种一垄或多垄，传统的最多达五垄。我国古代的耧车，就是现代播种机的始祖。

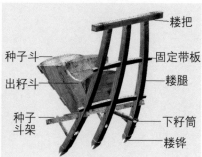

耧车的工作原理：如右图所示，耧车由三只耧脚（耧铧）组成，三耧脚下有三个开沟器。播种时，用一头牛拉着耧车，耧脚在平整好的土地上开沟播种，同时进行覆盖和镇压，一举多得，省时省力，故其效率可以达到"日种一顷"。

二、 耧车的制作构思

如右图所示的耧腿制作时，首先在一块板子上裁出三根长度大小相同的木条；然后把木条弯曲，在木条上制作出榫头和卯眼；之后装上耧把和固定带板，由于固定带中间宽两边窄，插进耧腿后恰好起到固定的作用。种子斗制作是难点，因为它是下面小上面大的漏斗形状，还要按照

传统制作拼装方式完成并具有榫卯结构。下籽筒的安装也是一个难点，因为绘图时很不容易找准位置。

制作尺寸：120×82×70，制作比例为1∶10。

三、 耧车的制作步骤

下面介绍耧车的制作步骤。

1. 制作耧架和耧腿。

2. 制作种子斗及种子斗架。

3. 制作耧车下籽筒。

4. 制作耧脚。

5. 对耧车体进行打磨与上色。

四、耧车的制作过程

1. 打开3D One软件，把视图角度调成"上"。鼠标选取"矩形" □ 命令，以屏幕窗口的中心点为起点绘制18×120的矩形，如左图所示。然后把矩形拉伸5，如右图所示。

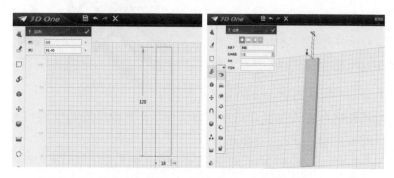

2. 鼠标选取"圆柱弯曲"命令，出现对话框，选择"角度"，弯曲度数为30，如图所示。

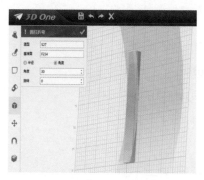

3. 在长方体上面中间位置单击确定绘制面，在长方体上棱分别绘制0.5、5、1、5、1、5、0.5的线段，如左图所示。在长方体下棱绘制三条长度为6的线段，如右图所示。

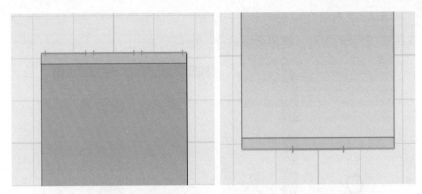

4. 删除上面长度为5的线段和下面中间的线段，如左图所示。连接如右图所示位置线段端点，绘制六条线段，再次删除上下横线。

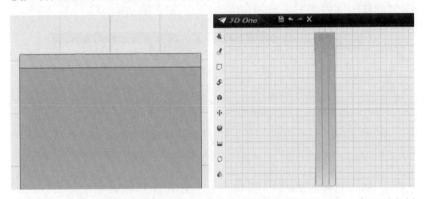

5. 如果竖线没有画到头，延长四条线段到上顶边，如左图所示。延长四条线段到下底边，如右图所示。

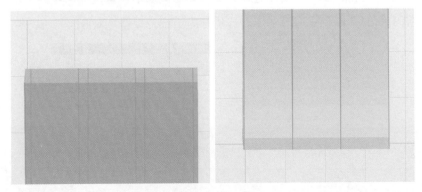

6. 把视图角度调成"下",利用"实体分割" 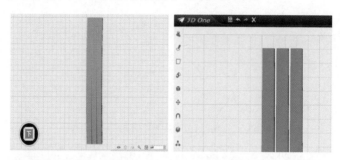 命令把基体分割开,如左图所示。删掉多余部分,如右图所示。

7. 把两侧的基体(楼腿)分别向左右各移动24,如左图所示。把两侧的楼腿向内倾斜,倾斜角度为8°,如右图所示。

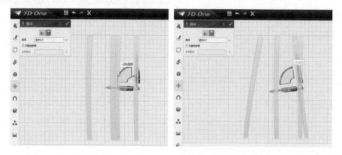

8. 鼠标选取"直线" 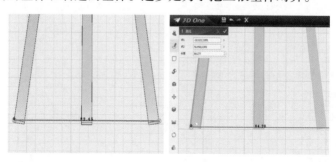 命令,在网格上单击确定绘制面,在三个楼腿下部如左图所示位置画一条线段。鼠标选取"实体分割" 命令,对左边第一个基体进行分割,如右图所示。重复上面操作,切割中间的基体和右边的基体。这步是为了把三根基体对齐。

9. 选中三个被切割下来的基体，用"Delete"键将其删除，如左图所示。基体上部采用同样方法绘制三条线段，选取"实体分割" 🔲 命令分割基体上部，并用"Delete"键删除多余部分，如右图所示。切割的目的是为了让三根基体高度相同。

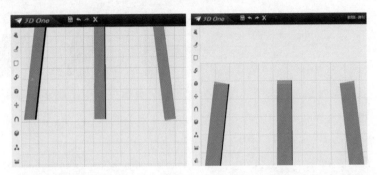

10. 鼠标选取"直线" ╲ 命令，在中间耧腿上部单击确定绘制面，以右侧耧腿右上角为起点绘制（–50）×（–5）的矩形，如左图所示。用鼠标拉动右侧线段使矩形长度延长到第三根耧腿外侧，如右图所示。

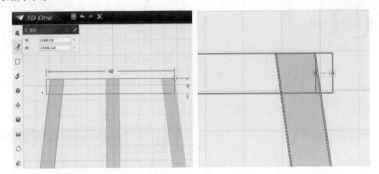

11. 把视图角度调成"下"，利用"参考几何体"命令，在耧腿的后面绘制宽度同样的矩形，如左图所示。分别拉伸两个草图，选择"对称"拉伸，选择"减运算"，拉伸距离为1.5，剔出榫头，如右图所示。（如果基体头部还有残留体，可以划线，进行实体分割删除掉。）

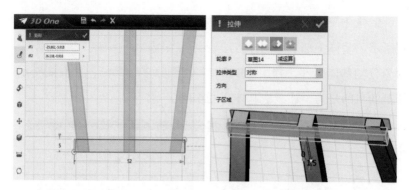

12. 鼠标选取"矩形"□命令,在中间榫头上单击确定绘制面,以中间榫头的左上角为起点绘制80×(-5)的草图,如左图所示。对草图进行一边拉伸,拉伸距离为5,如右图所示。

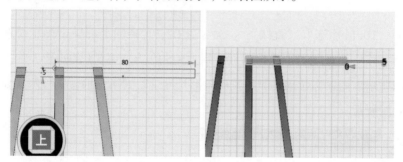

13. 鼠标选取"对齐移动"命令,使刚制作的基体向上向左移动,合上缝隙,如左图所示。选中三个竖立基体,按键盘"Ctrl+C"组合键,将其各复制出一个,如右图所示。

14. 鼠标选取"组合编辑" ⬡ 命令，选择"减运算"，"基体"选择耧把，"合并体"选择三个耧腿，为耧把剔出槽，如左右两图所示。

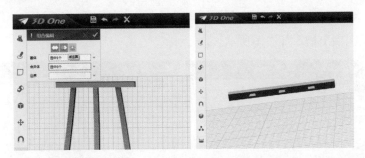

15. 鼠标选取"矩形" ▭ 命令，在中腿中间位置单击确定绘制面，在如左图所示位置（距离上面横梁35）绘制70×（−2）的矩形。鼠标选取"圆弧" ⌒ 命令，在矩形上面绘制半径为300的圆弧，如右图所示。

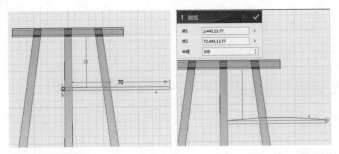

16. 删除多余线段，把草图拉伸2.5，如左图所示。把刚绘制的横梁向左移动37.5、向内移动−3.2，如右图所示。

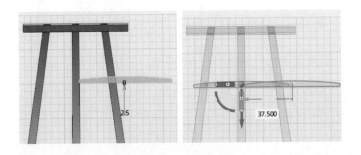

17. 选中刚制作出的横梁，按键盘"Ctrl+C"组合键，将其复制出一个，如左图所示。鼠标选取"组合编辑" ⬡ 命令，选择"减运算"，"基体"选择三个楼腿，"合并体"选择刚制作的横梁，为三个楼腿剔出槽，如右图所示。

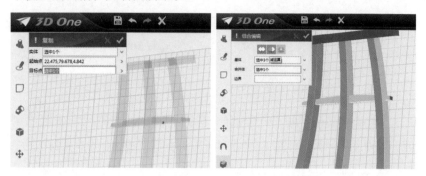

18. 鼠标选取"矩形" ▭ 命令，在中间楼腿中间位置单击确定绘制面，在如左图所示位置（距离刚绘制横梁35的位置）绘制80×（-2）的矩形。鼠标选取"圆弧" ⌒ 命令，在矩形上面绘制半径为300的圆弧，如右图所示。

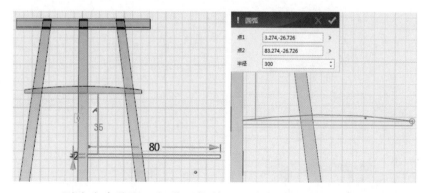

19. 删除多余线段，把草图拉伸2.5，如左图所示。把刚绘制的横梁向左移动42.5、向内移动-3，把这个横梁复制成两份，组合剔出槽，如右图所示。

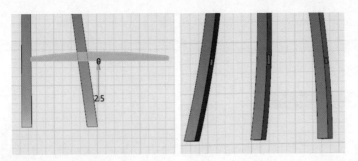

第二步 制作种子斗及种子斗架

1. 在耧腿下面绘制3×（﹣48）的矩形，如左图所示。然后对矩形进行拉伸，拉伸距离为4，如右图所示。

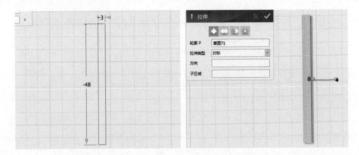

2. 在这个基体左侧距离﹣65的位置制作同样一个长方体（这里直接采用阵列方式），如左图所示。鼠标选取"矩形"命令，在基体上面单击确定绘制面，以左边基体左下角为起点，在如右图所示位置绘制73×2的矩形，如右图所示。

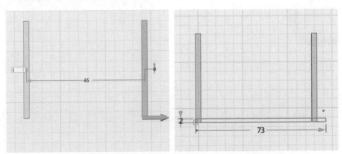

3. 鼠标选取"圆弧" ⌒ 命令，在73×2矩形下面绘制半径为500的圆弧，如左图所示。删除中间线段，拉伸草图，拉伸距离为2，如右图所示。

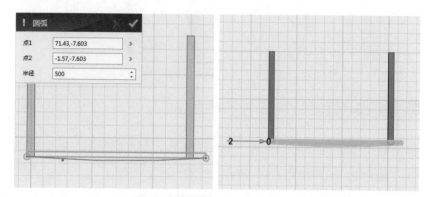

4. 鼠标选取"移动" 命令，把刚制作的横梁基体向左移动2.5、向上移动4、向内移动 – 3（黄色箭头负方向），如左图所示。同样在上侧再制作两个横梁基体，这里采用"阵列" ⣿ 命令，阵列距离为30，如右图所示。

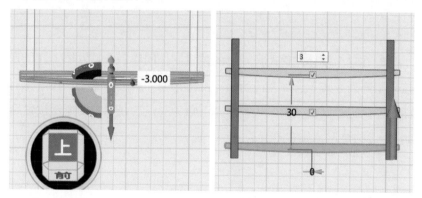

5. 鼠标选取"矩形" ⬜ 命令，在中间横梁上单击确定绘制面，在如左图所示位置绘制30×（ – 32）的矩形。对刚绘制的矩形进行向上拉伸，拉伸距离为1，利用"自动吸附"命令，使其居中，如右图所示。

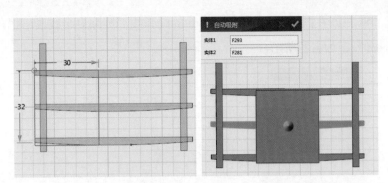

6. 在这个种子架右侧绘制上底为60、下底为30、高度为40的梯形草图，如左图所示。在如右图所示位置绘制圆弧线，圆弧半径为100。

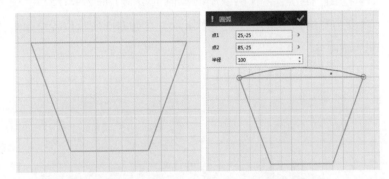

7. 删除多余线段，对草图进行拉伸，拉伸距离为2，如左图所示。采用同样方法，在刚绘制的板体上绘制上底为56.25、下底为30、高度为35的梯形草图，如右图所示。

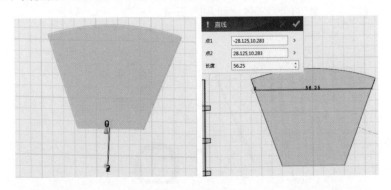

8. 在如左图位置绘制半径为100的圆弧线。删除多余线段，把草图拉伸2，如右图所示。

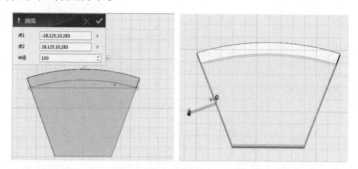

9. 采用同样方法，在刚绘制的板体上绘制上底为48.75、下底为30、高度为25的梯形草图，如左图所示。在如右图所示位置绘制半径为100的圆弧线。

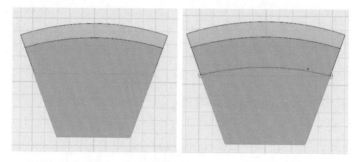

10. 删除多余线段，把草图拉伸2，如左图所示。把视图角度调成"右"，上板向上移动5，如右图所示。

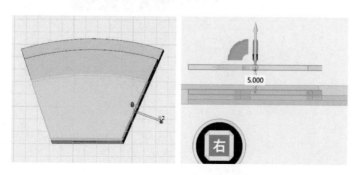

11.下板向下移动 – 10，如左图所示。上板以左边沿为轴逆时针转动20°，如右图所示。

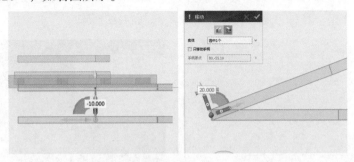

12.下板以左边沿为轴顺时针转动20°，如左图所示。用鼠标选取"直线" ╲ 命令，在中板侧面单击确定绘制面，在如右图所示位置绘制直线和曲线。

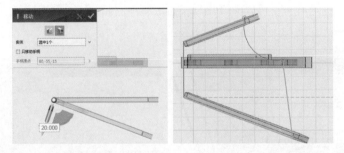

13.把草图拉伸，拉伸距离为2，如左图所示。把视图角度调成"下"，用鼠标选取"镜像" ◢◣ 命令，把刚制作的基体镜像到左侧，如右图所示。

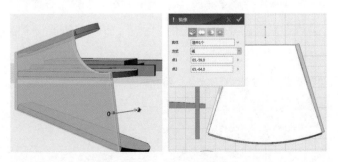

14. 剔榫：把视图角度调成"上"，利用"直线"命令在种子斗前板右下角为起点绘制上下边长为3、左右边长为4的平行四边形，如左图所示。拉伸草图，拉伸距离为－2，如右图所示。

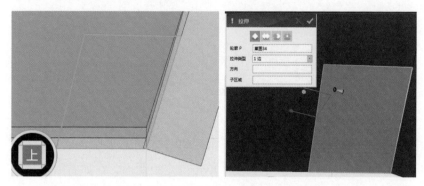

15. 隐藏左右侧立板，鼠标选取"阵列" ⣿ 命令，选择"减运算"，向上阵列三个，阵列距离为18，如左图所示。采用同样方法，在左侧绘制草图，阵列基体，剔出槽，如右图所示。

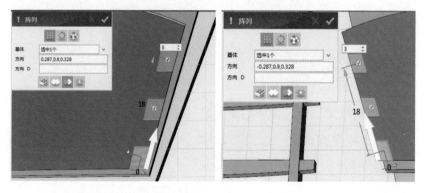

16. 隐藏刚剔槽的立板，利用"直线"命令在种子斗中隔板右下角为起点绘制上下边长为3、左右边长为6的平行四边形，如左图所示。拉伸草图，拉伸距离为－2，如右图所示。

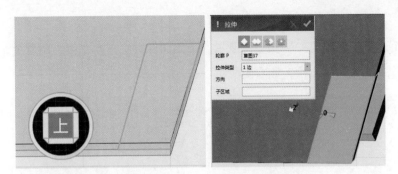

17. 鼠标选取"阵列" ▦ 命令，选择"减运算"，向上阵列三个，阵列距离为26，如左图所示。采用同样方法，在左侧绘制草图，阵列基体，剔出槽，如右图所示。

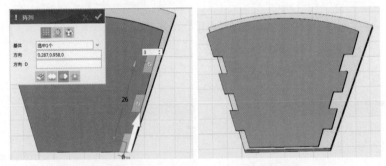

18. 隐藏刚剔槽的隔板，利用"直线"命令在种子斗后板右下角为起点绘制上下边长为3、左右边长为8的平行四边形，如左图所示。拉伸草图，拉伸距离为−2，如右图所示。

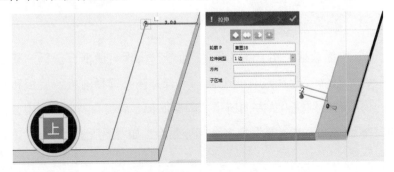

19. 鼠标选取"阵列" ⠿ 命令，选择"减运算"，向上阵列三个，阵列距离为32，如左图所示。采用同样方法，在左侧绘制草图，阵列基体，剔出槽，如右图所示。

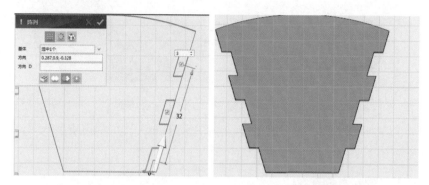

20. 显示左右两个立板，利用"对齐移动"命令把左右两个立板分别对齐槽沿，如左图所示。把前板、隔板、后板复制成两份，如右图所示。

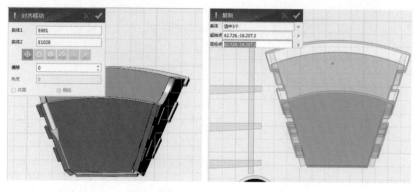

21. 鼠标选取"组合编辑" ▣ 命令，出现对话框，选择"减运算"，"基体"选择左右两个板，"合并体"选择前板、后板和隔板，为左右板剔槽，如左图所示。隐藏前板、后板和隔板，利用"拉伸" ▣ 命令和"减运算"把多余部分删除，如右图所示。

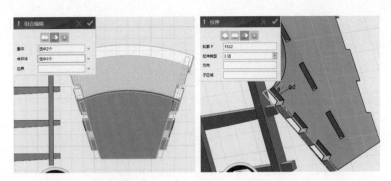

22. 鼠标选取"成组" 命令，把刚制作的种子斗组合，如左图所示。利用"动态移动"命令，把种子斗移动到托板上面，如右图所示。

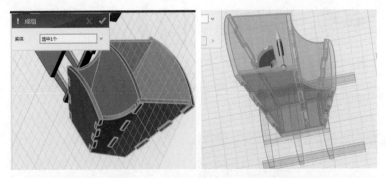

23. 鼠标选取"成组" 命令，把种子斗板和托板部件成组，如左图所示。利用"动态移动"命令，把种子斗及种子斗架移动到耧腿上并且和耧腿成45°夹角，位置及效果如右图所示。

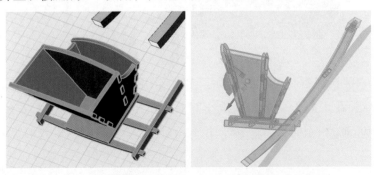

24. 选择"炸开组"命令，把组合的种子斗进行组合分离，保留种子斗中隔板。隐藏其他基体，把视图角度调成"前"，以隔板左下角为起点绘制7×10的定位矩形，如左图所示。然后以定位矩形的右上角为起点绘制10×（−10）的矩形，如右图所示。

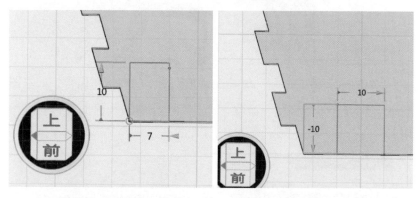

25. 删除定位矩形，拉伸矩形，选择"减运算"，拉伸距离为−2，如左图所示，在中隔板下部开孔。以矩形孔左下角为起点，绘制10×35的矩形，如右图所示。

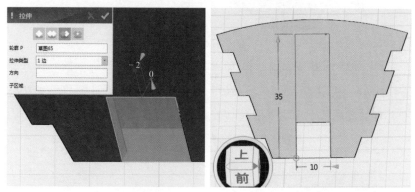

26. 拉伸矩形，拉伸距离为2，如左图所示。鼠标选取"矩形"命令，在中隔板上单击确定绘制面，以中隔板左下角为起点绘制7×20的定位矩形，如右图所示。

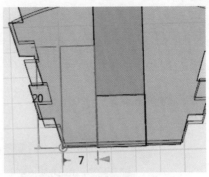

27. 以定位矩形的左上角为起点绘制24×5的矩形，如左图所示。删除定位矩形，拉伸矩形，拉伸距离为5，如右图所示。

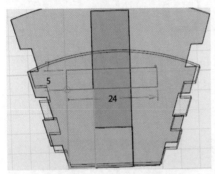
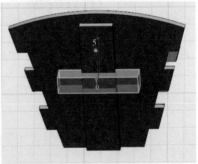

28. 把立挡板复制成两份，如左图所示。鼠标选取"组合编辑" ▣ 命令，出现对话框，选择"减运算"，"基体"选择横梁板，"合并体"选择立挡板，在横梁板上开孔，如右图所示。

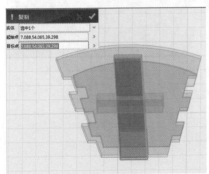
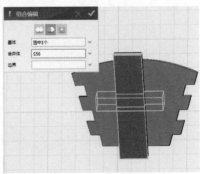

29. 鼠标选取"倒角" ◐ 命令，为横梁倒角，倒角度数为5，如左图所示。鼠标选取"矩形" ▢ 命令，在横梁上单击确定绘制面，以立挡板左上角为起点绘制5×（−12.5）的定位矩形，如右图所示。

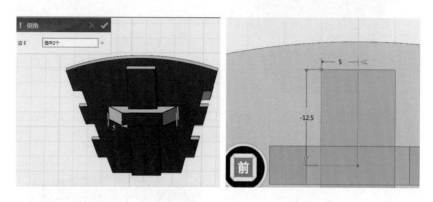

30. 以定位矩形的右下角为圆心，绘制半径为0.5的圆，如左图所示。删除定位矩形，拉伸圆形，"拉伸类型"选择对称拉伸，拉伸距离为−7，如右图所示。

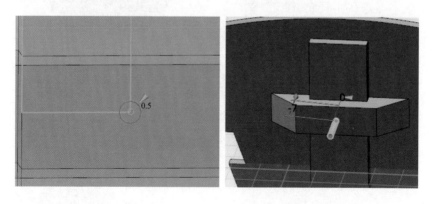

31. 鼠标选取"阵列" ▦ 命令，"基体"选择圆柱体，"方向"选择向左，距离输入10；同样右侧也进行阵列，如左图所示。用拉伸减运算方法，删除超出部分，如右图所示。

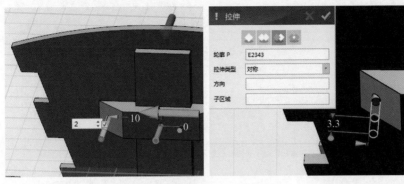

32. 把中间的圆柱体复制成两份，隐藏一个，鼠标选取"阵列" ⊞ 命令，选择"减运算"，"基体"选择中间的圆柱体，"方向"选择向下，距离输入10，数量为3，如左图所示。完成的效果如右图所示。

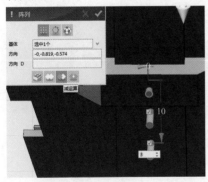

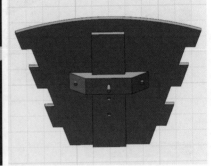

第三步 制作耧车下籽筒

1. 把视图角度调成"下"，显示全部基体。鼠标选取"矩形" ▭ 命令，在耧车中腿上单击确定绘制面。以右上角为起点绘制 (−3)×(−24)的定位矩形，如左图所示。然后以定位矩形左下角为圆心绘制半径为2和半径为1.6的同心圆，如右图所示。

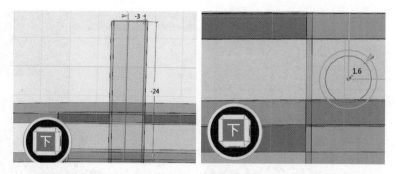

2. 删除定位矩形，拉伸圆环，拉伸距离为 − 25，如左图所示。把"旋转手柄"移动到圆管头上，如右图所示。

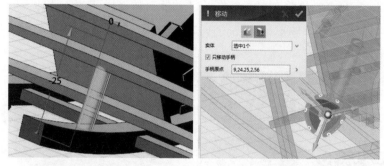

3. 沿绿色弧形轴方向旋转圆管 − 22°，如左图所示。利用"拉伸" ⬛ 命令把圆管再拉长一部分（如果长度不够），如右图所示。

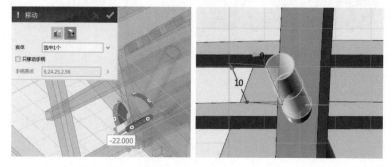

4. 采用同样方法在左侧梁上单击确定绘制面。以右上角为起点绘制（−2）×（−24）的定位矩形，如左图所示。以定位矩形左下角为圆心绘制半径为2和半径为1.6的同心圆，如右图所示。

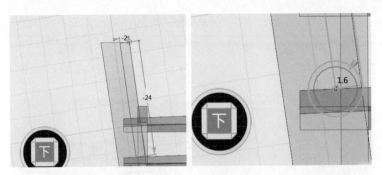

5.删除定位矩形，拉伸圆环，拉伸距离为－40，如左图所示。把"旋转手柄"移动到圆管头上。利用"动态移动"命令转动圆管角度，使得圆管正好插到槽中，而且不与下面的横梁有交叉（这个移动比较难），如右图所示。

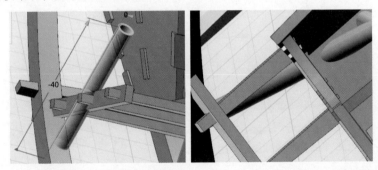

6.隐藏耧腿，把圆管再拉伸出一部分，如左图所示。把圆管和拉伸体组合在一起，如右图所示。

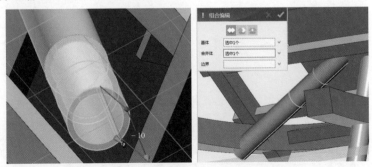

7.若圆管位置不合适，可再稍微"动态移动"，如左图所示。利用"镜像" ▲▲ 的方法，把圆管镜像到另一侧，如右图所示。

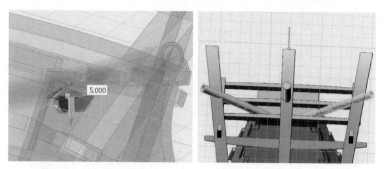

8.隐藏种子斗帮，如左图所示。拉伸斗底，选择"减运算"，删除多余部分，如右图所示。

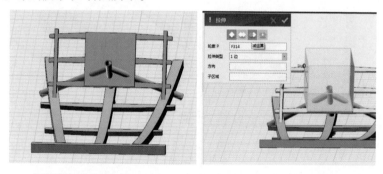

9.把视图角度调成"下"，鼠标选取"矩形" ▢ 命令，在中间梁上单击确定绘制面，绘制矩形，草图大小及位置如左图所示。拉伸草图，把多余部分删除，如右图所示。

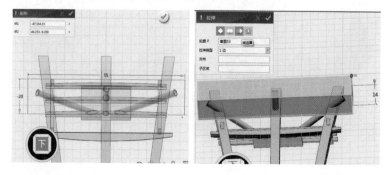

10. 把三个圆管复制成两份，如左图所示。鼠标选取"组合编辑" ⬛ 命令，出现对话框，"基体"选择槽底板和左腿，"合并体"选择左侧圆管。如右图所示，在槽底部和左腿上开孔。

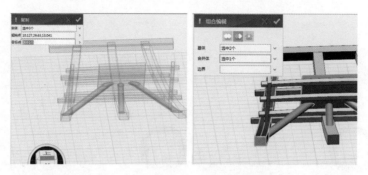

11. 在中间腿开孔，如左图所示。在右侧圆管开孔，如右图所示。

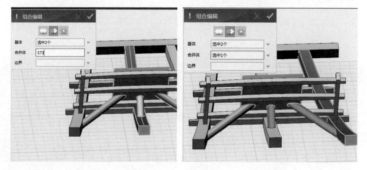

12. 把管中间管芯删除，如左图所示。下部开孔后效果如右图所示。

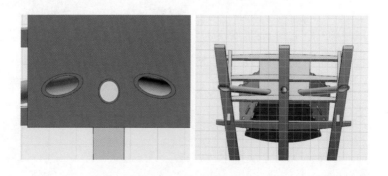

13.把视图角度调成"右"，鼠标选取"直线" ＼ 命令，在如左图所示位置绘制长度为12和长度为15的两条直线。连接两条直线的端点，如右图所示。

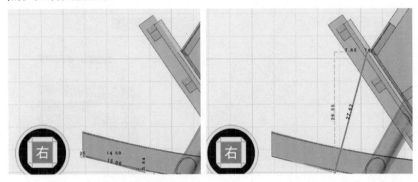

14.鼠标选取"偏移曲线" ❧ 命令，选择"翻转方向"，偏移距离为3，如左图所示。删除定位线段，连接平行线端点，如右图所示。

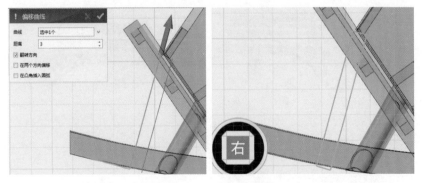

15.拉伸草图，拉伸距离为1.5，如左图所示。利用"动态移动"命令把刚制作的基体沿着红色弧角度转动13°，如右图所示。如果刚制作的基体没有与楼腿和种子斗支架交叉，利用"动态移动"命令使其交叉。

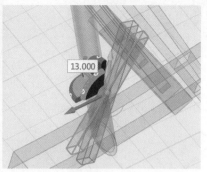

16. 把视图角度调成"上"，鼠标选取"镜像" ▲ 命令，把刚制作的支梁镜像到左侧，如左图所示。把两个支梁复制成两份，如右图所示。

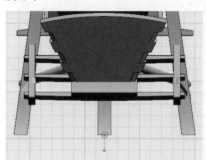
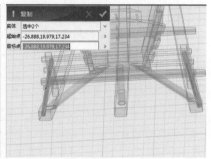

17. 鼠标选取"组合编辑" ⬛ 命令，出现对话框，选择"减运算"，"基体"选择两边的耧腿和种子斗支架，"合并体"选择刚制作的两个支梁，为耧腿开孔，如图所示。

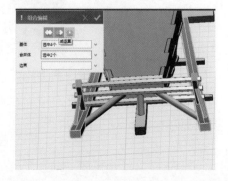

第四步 制作耧脚

1. 把视图角度调成"下"，显示全部基体，以中间耧腿左上角为起点绘制7×8的矩形，如左图所示。鼠标选取"圆弧" ⌒ 命令，在矩形内绘制两条弧线，如右图所示。

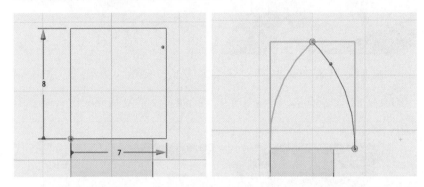

2. 删除多余线段，拉伸草图，拉伸距离为－3，如左图所示。鼠标选取"DE移动" 🔲 命令，对刚制作的基体上下面分别移动－20，如右图所示。

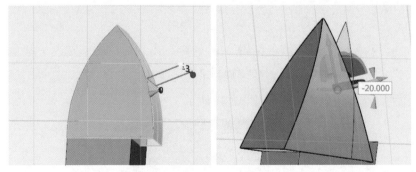

3. 鼠标选取"圆角" ◑ 命令，对基体四条棱进行圆角，圆角度数为2，如左图所示。鼠标选取"抽壳" ◈ 命令，对基体进行抽壳，厚度为－0.5，"开放面"选择平面，如右图所示。

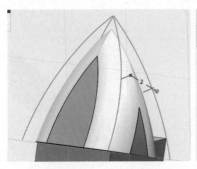

4. 鼠标选取"倒角" 命令，对腿头四条棱进行倒角，倒角度数为2，如左图所示。再次倒角，倒角度数为2.4，如右图所示。

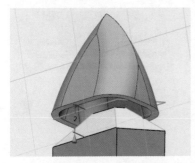
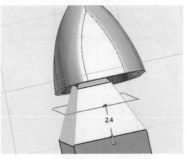

5. 第三次进行倒角，倒角度数为3，如左图所示。对四条棱进行圆角，圆角度数为1.5，如右图所示。

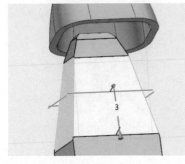
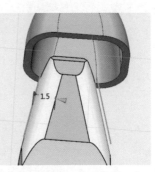

6. 利用"动态移动"命令摆正耧铧，如左图所示。把耧铧上部再拉长3，如右图所示。

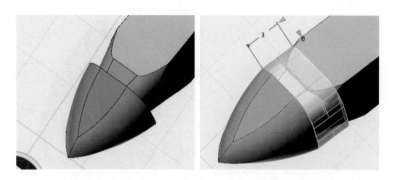

7. 把两侧的耧铧削出尖，如左图所示。把中间的耧铧阵列到两侧，如右图所示。

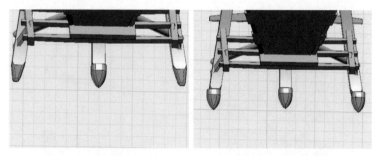

8. 利用"动态移动"命令把耧铧套到耧腿上，如左图所示。至此完成耧车制作，如右图所示。

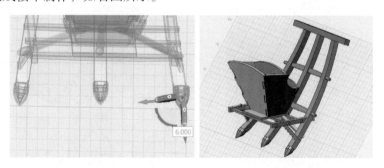

第五步 对耧车体进行打磨与上色

打磨与上色的方法前几课已有介绍，此处不再详述。

作品展示

　　耧车制作的难点在各个部件的组装，利用软件很难达到想要安放的位置。例如下籽筒，既要插进耧腿中又要放到种子斗里，又不能与其他部件产生交叉。但实际生活中制作耧车时只要计算好每个部件的尺寸，安装起来就比较简单了（这也是软件制作与实际木工的差别）。打印耧车时把耧腿与平面的夹角调成60°左右，种子斗底面与打印机平台平行，这样打印效果会好些。

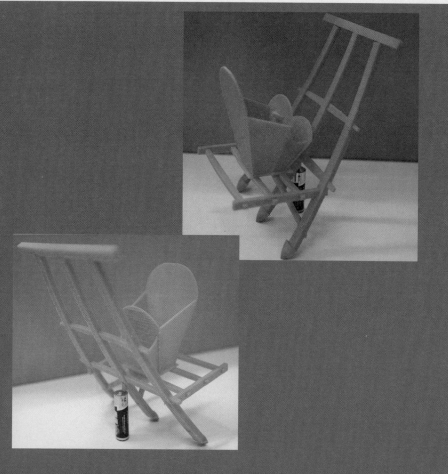

第 7 课

旋转式扬谷扇车

扫码观看
讲解视频

一、追溯旋转式扬谷扇车的渊源

旋转式扬谷扇车又称风柜、扇车、飏车、扬车、扬扇、扬谷器，是用于去除稻麦壳、瘪粒等的一种农具，如右图所示。

西汉时期机械师丁缓发明了"七轮扇车"。扇车一直沿用到今天，现在一些农村地区还在使用，如下图所示。

扇车的工作原理：扇车主要由车架、外壳、风扇、喂料斗及调节门等构成，如右图所示。在扇车轮轴上装有六个扇叶，轮轴转动时带动六个扇叶旋转鼓风。工作时将谷物放进上边的喂料斗，手摇风扇，喂料斗下边就有

风吹过，开启调节门，谷物在重力作用下缓缓落下，密度小的谷壳及轻杂物被风力吹出扇车外，而密度大饱满的谷粒直接从下边的出料口排出。这样，通过扇车就把谷壳等与谷粒分开。

二、旋转式扬谷扇车的制作构思

扇车制作时，首先制作扇车车架，根据车架的尺寸和高度来确定扇车风箱尺寸（古代扇车风箱是用楔形木板拼接成的，用3D制作也采取这个方式）。扇车出料口由于是一个三角形的，在边安装边制作时有一定难度，需要进行尺寸和斜面角度的计算。扇叶直接装在剔槽圆柱上，这步制作比较容易。喂料斗采用的是梯形结构，制作起来比较容易，难点在用3D软件确定安装位置。调节门安装也需要确定位置，根据进料门的位置和活动角度安装调节摇把。所以扇车的零件安装难度大于制作。

制作尺寸为180×70×142，制作比例为1∶10。

三、旋转式扬谷扇车的制作步骤

下面介绍旋转式扬谷扇车的制作步骤。

1. 制作扇车车架。

2. 制作扇车风箱。

3. 制作扇车风扇。

4. 制作扇车喂料斗。

5. 制作扇车调节门。

四、旋转式扬谷扇车的制作过程

第一步 制作扇车车架

1. 打开3D One软件，把视图角度调成"上"。鼠标选取"矩形"□ 命令，以屏幕窗口的中心点为起点绘制一个180×5的矩形，如左图所示。然后对矩形进行一边拉伸，拉伸距离为5，如右图所示。

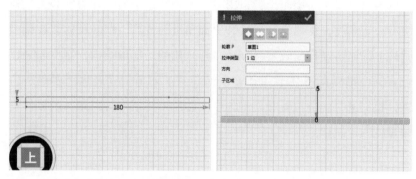

2. 在如左图所示位置绘制一个32×（−60）和一个（−32）×（−60）的定位矩形。在定位矩形旁绘制一个5×（−60）和一个（−5）×（−60）的矩形，如右图所示。

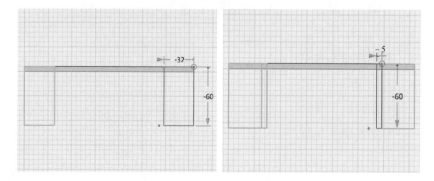

3. 删除定位矩形，拉伸草图，拉伸距离为－5，如左图所示。隐藏横梁基体，在刚绘制的两个基体上端分别绘制5×（－5）的矩形，如右图所示。

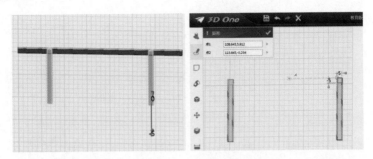

4. 鼠标选取"拉伸" 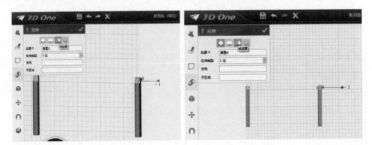 命令，选择"减运算"，拉伸距离为－1，如左图所示。背面采取同样方法绘制矩形和拉伸剔出榫，如右图所示。

5. 显示横梁基体，把下面的两个基体各复制两个，如左图所示。鼠标选取"组合编辑" 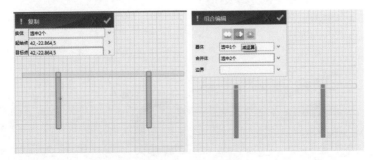 命令，选择"减运算"，"基体"选择横梁基体，"合并体"选择两个立基体，为横梁基体剔出槽，如右图所示。

6. 在如左图所示位置绘制一个116×30的定位矩形。在定位矩形上面绘制一个116×5的矩形,如右图所示。

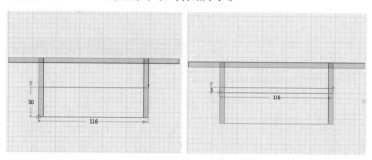

7. 删除定位矩形,拉伸草图,拉伸距离为－5,如左图所示。对刚制作的基体两端进行剔榫,对两个立基体进行剔槽(方法同上),效果如右图所示。

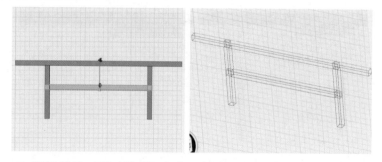

8. 鼠标选取"阵列" ⊞ 命令,把这个架子阵列出一个,阵列距离为－65,如左图所示。把视图角度调成"右",在如右图所示位置绘制(－70)×22.5的定位矩形。

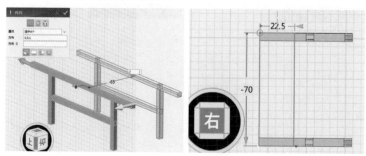

9. 在定位矩形右侧绘制5×（－70）的矩形，如左图所示。删除定位矩形，拉伸草图，拉伸距离为－5，如右图所示。

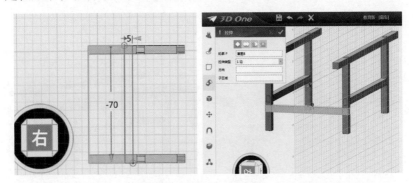

10. 方法同上，为三个长方体剔出榫卯，如左图所示。把这根横梁阵列到另一侧，并在两根立基体上剔出卯槽，如右图所示。

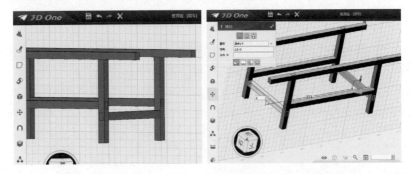

11. 把视图角度调成"上"，在如左图所示位置绘制21.5×5的定位矩形。在定位矩形右侧绘制137×5的草图，如右图所示。

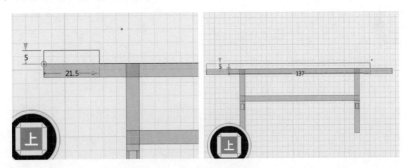

12. 删除定位矩形，拉伸草图，拉伸距离为－5，如左图所示。然后把基体"阵列"到另一侧，如右图所示。

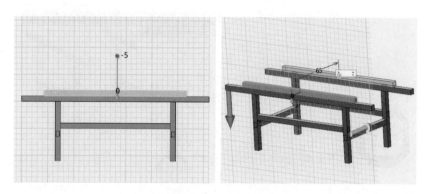

1. 以如左图所示位置为起点绘制42×（－2.5）的定位矩形。以定位矩形的右下角为圆心绘制半径为40的圆，如右图所示。

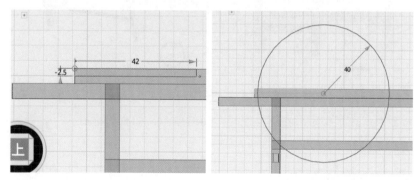

2. 删除定位矩形，以圆心为起点绘制95×40的矩形，如左下图所示。选取"单击修剪" 命令，删除多余部分，如右下图所示。

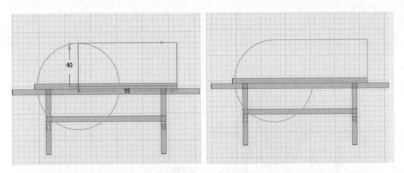

3.以圆心点为圆心绘制半径为15的圆，如左图所示。鼠标选取"拉伸" 命令，把草图拉伸2，如右图所示。

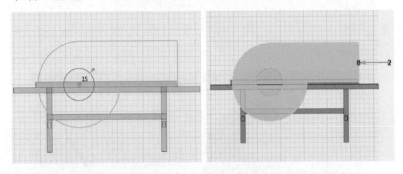

4.把刚制作的基体移动到扇车车架内侧，移动距离为－7。另一侧制作同样一个，这里采用"阵列" 的方法，阵列距离为58，如左图所示。把视图角度调成"后"，在如右图所示位置绘制95×（－60）的矩形（注意：位置要绘制对，绘制的是风箱盖）。

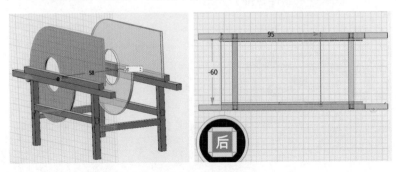

5. 如左图所示，把草图拉伸2。在如右图所示位置绘制5×（－60）的矩形。

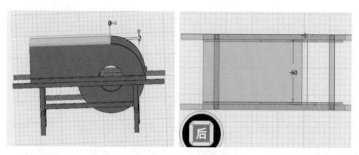

6. 把草图拉伸2，如左图所示。鼠标选取"拔模"命令，对长方体进行拔模（拔模是为了把基体做成一个梯形），拔模角度数为4，如右图所示。

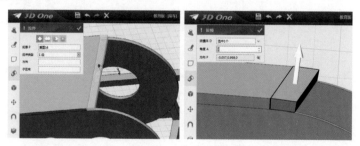

7. 鼠标选取"阵列" ▦ 命令，这里选择"圆形阵列"（古代扇车都是木板拼接的圆），把基体阵列52个，如左图所示。然后隐藏扇车侧板，删除多余基体，如右图所示。

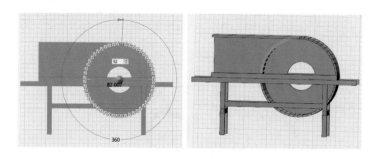

8.把视图角度调成"前"，鼠标选取"矩形"命令，在风箱板立面上单击确定绘制面，在如左图所示位置绘制（－53）×（－60）的矩形。拉伸刚绘制的矩形，拉伸距离为2，如右图所示。

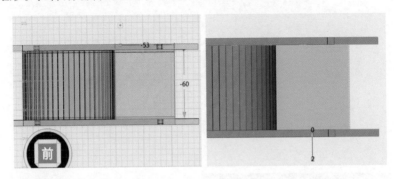

第三步 制作扇车风扇

1.把视图角度调成"上"，隐藏扇车中间的横梁。鼠标选取"矩形"□命令在扇车外壳上单击确定绘制面，在如左图所示位置绘制64×2.5的定位矩形。鼠标以定位矩形右上角为圆心绘制半径为5的圆，如右图所示。

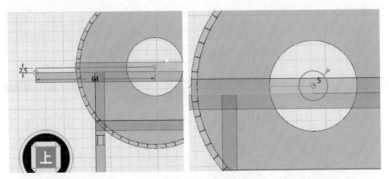

2.删除定位矩形，拉伸草图，拉伸距离为－60，如左图所示。隐藏正面横梁和面板，鼠标选取"矩形"□命令在圆轴轴心上单击确定绘制面，在如右图所示位置绘制2×33的矩形。

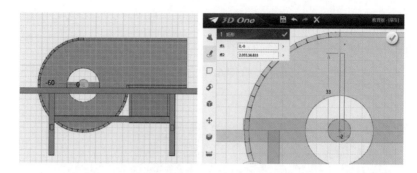

3. 把草图拉伸54，如左图所示。鼠标选取"移动" 命令，选择"动态移动"，把刚制作的长方体向左移动1、向上移动3，向扇车箱内移动3，如右图所示。

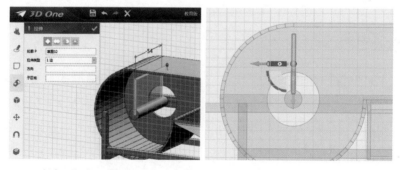

4. 鼠标选取"阵列" 命令，选择"圆形阵列"，阵列数量为6，如左图所示。利用"Ctrl+C"组合键，把六个扇叶复制出两份，如右图所示。

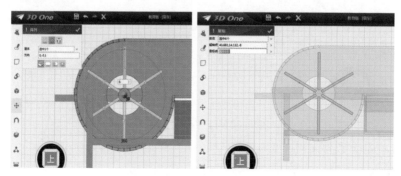

5. 鼠标选取 "组合编辑" ▣ 命令，出现对话框， "基体" 选择中间的圆柱体， "合并体" 选择六个扇叶，选择 "减运算"，为中轴剔槽，如左图所示。鼠标选取 "圆形" ⊙ 命令，以圆轴中心点为圆心绘制半径为1的圆，如右图所示。

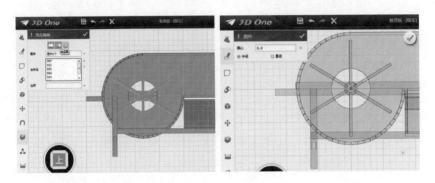

6. 对圆形进行拉伸，拉伸距离为 − 67，如左图所示。然后把这个圆轴向外拉伸10，如右图所示。

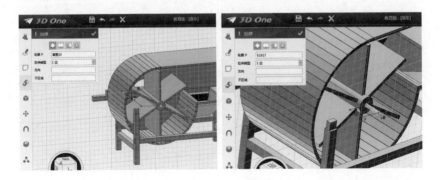

7. 把两次绘制的轴杆进行组合，长度为77，如左图所示。实际上应是一根长为77的铁轴杆，穿过轴心。显示全部基体，复制轴杆，利用 "组合编辑" ▣ 命令，为左右两侧的横梁绘制出轴孔，如右图所示。

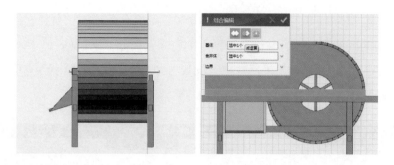

第四步 制作扇车喂料斗

1. 把视图角度调成"上"，鼠标选取"矩形" ⬜ 命令，在侧板上单击确定绘制面，在如左图所示位置（扇车风箱右上角）绘制（−82）×38的矩形。在矩形下边两侧位置绘制一个20×10和一个（−20）×10的定位矩形，如右图所示。

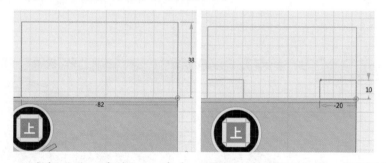

2. 鼠标选取"直线" ╲ 命令，连接如左图所示位置。鼠标选取"单击修剪" ✂ 命令，删除多余线段，如右图所示。

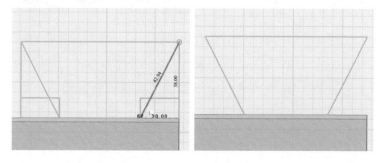

3.拉伸草图，拉伸距离为－2，如左图所示。把视图角度调成
"右"，鼠标选取"移动" 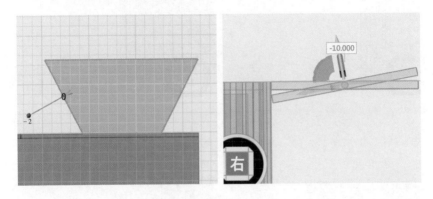 命令，选择"动态移动"，沿着如右
图所示绿色弧形轴方向旋转－10°。

4.以箱体的右上角为起点绘制30×（－30）的矩形，如左图所
示。拉伸矩形，拉伸距离为10。鼠标选取"镜像" 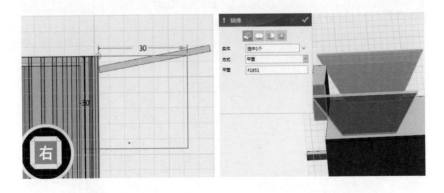 命令，出现对
话框，"实体"选择梯形板，"方式"选择平面，"平面"选择拉伸
的长方体侧面，把梯形板镜像到另一侧，如右图所示。

5.把视图角度调成"右"，鼠标选取"矩形" 命令，在风箱
上板前沿上单击确定绘制面，在如左图所示位置绘制（－43）×
（－62.6）的矩形。在如右图所示位置绘制两个43×6.6定位草图。

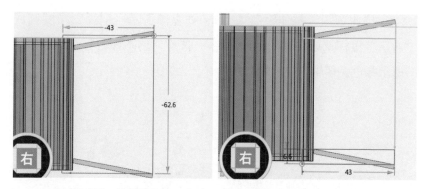

6. 鼠标选取"直线" ╲ 命令，连接如左图所示位置角顶点。鼠标选取"单击修剪" ╫ 命令，删除多余线段，如右图所示。

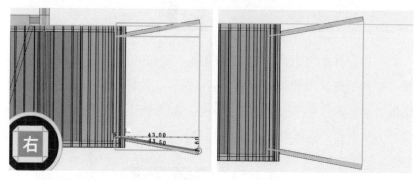

7. 拉伸草图，拉伸距离为－2，如左图所示。把视图角度调成"下"，鼠标选取"移动" 命令，把刚绘制的梯形板向左"动态移动"8，并移动"旋转手柄"到板下沿，如右图所示。

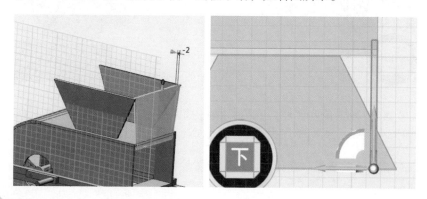

8. 沿着如左图所示红色弧形轴方向旋转 – 30°。把基板 "镜像" ▲▲ 到另一侧，如右图所示。

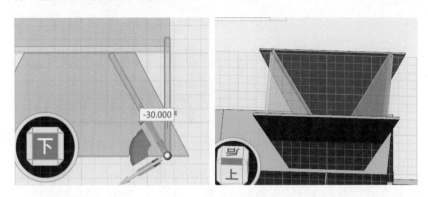

9. 把视图角度调成 "右"，鼠标选取 "六面体" 命令，在刚绘制的漏斗面板中间位置放置70×44的长方体，如左图所示。利用 "阵列" 命令，在左右侧各 "阵列" 一个基体，阵列距离为10，如右图所示。

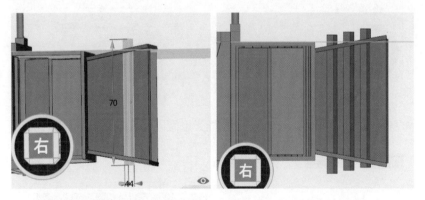

10. 删除中间基体，利用 "动态移动" 命令使两个基体都上下居中于槽板，移动距离为1.5，如左图所示。鼠标选取 "镜像" 命令，把两个基体镜像到另一侧，如右图所示。

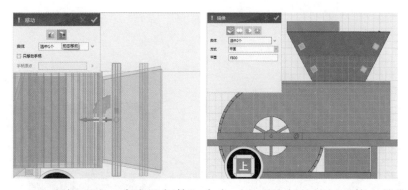

11. 鼠标选取"参考几何体"命令，在刚绘制的挡杆基体上单击确定绘制面，选中如左图所示位置的四条棱线（画箭头线的位置）。鼠标选取"单击修剪" ⊮ 命令，删除多余线段，如右图所示。

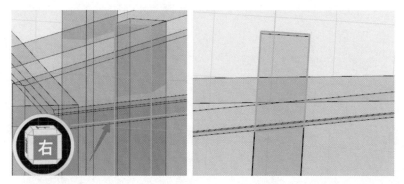

12. 隐藏上面槽板，拉伸草图，选择"减运算"，拉伸距离为 - 2，如左图所示，剔出槽。其他三个挡杆头也做同样处理，如右图所示。

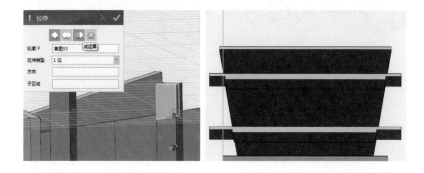

13. 把四根挡杆复制成两份，如左图所示。显示全部基体，然后利用"组合编辑" 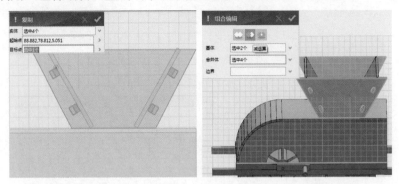 命令，对侧槽板进行剔槽，如右图所示。

14. 把视图角度调成"后"，鼠标选取"参考几何体"命令，在槽里面单击确定绘制面，选择槽底部四条棱，绘制出四条线段，如左图所示。鼠标选取"单击修剪" 命令，删除多余线段，如右图所示。

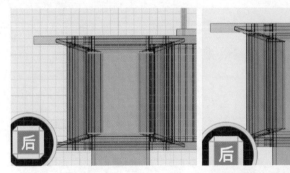

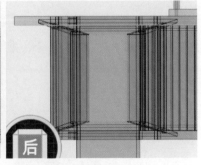

15. 拉伸草图，选择"减运算"，拉伸距离为 – 10，在槽底开孔，如右图所示。

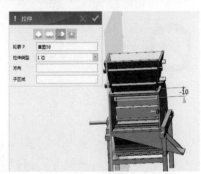

第五步 制作扇车调节门

1. 隐藏填料槽,把视图角度调成"后"。鼠标选取"参考几何体"命令,在扇车上板单击确定绘制面,绘制出如左图所示的矩形。对草图进行一边拉伸,拉伸距离为–2,如右图所示。

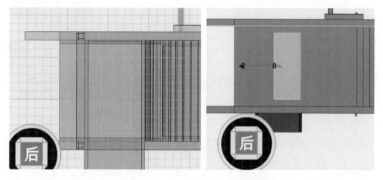

2. 把视图角度调成"上",隐藏扇车风箱上板。鼠标选取"圆形"命令,以刚拉伸体的右上角为起点绘制半径为0.5的圆,如左图所示。鼠标选取"拉伸"命令,把圆拉伸–65,如右图所示。

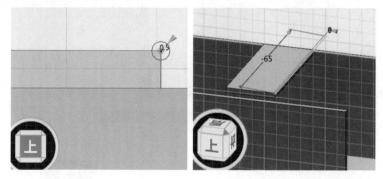

3. 把视图角度调成"上",鼠标选取"移动"■命令,把刚拉伸的圆柱体"动态移动",向下移动1、向左移动1、向外移动10,如左图所示。鼠标选取"矩形"□命令,在侧板上单击确定绘制面,以上面基体右上角为起点绘制(–10)×(–2)的矩形,如右图所示。

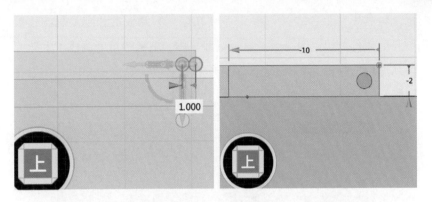

4. 拉伸矩形，拉伸距离为5，如左图所示。鼠标选取"圆角"命令，对如右图所示位置的四条棱进行圆角，圆角度数为1。

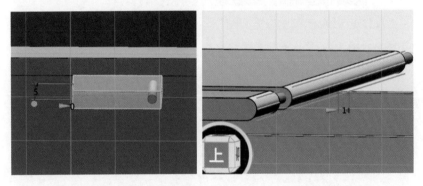

5. 利用"动态移动"命令把刚制作的三个基体向下移动2，如左图所示。把轴复制成三个，如右图所示。

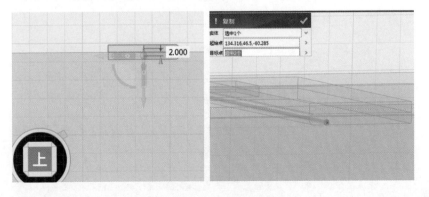

6. 利用"组合编辑"⬡ 命令，在扇车箱侧板上和刚绘制的长板上开出轴孔，如左图所示。显示全部基体，把视图角度调成"上"，鼠标选取"矩形"▱ 命令，在扇车侧板上单击确定绘制面，在如右图所示位置绘制（−10）×（−15）的矩形。

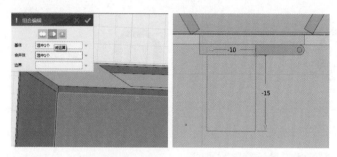

7. 以矩形右上角为起点绘制（−10）×（−5.5）的矩形，如左图所示。用直线连接如右图所示位置的两个角。

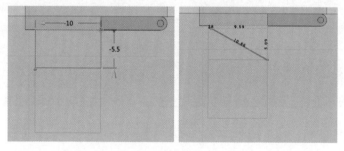

8. 利用"单击修剪"✂ 命令删除多余线段，如左图所示。拉伸草图，拉伸距离为5，如右图所示。

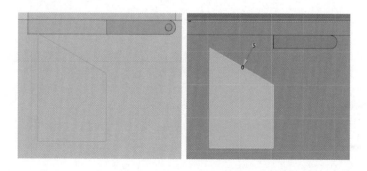

9. 鼠标选取"矩形" ▢ 命令，在刚拉伸基体上单击确定绘制面，以基体左下角为起点绘制10×7的矩形，如左图所示。拉伸矩形，选择"减运算"，拉伸距离 – 2，删除一部分，如右图所示。

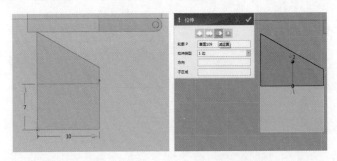

10. 鼠标选取"矩形" ▢ 命令，在扇车箱侧板上单击确定绘制面，在如左图所示位置绘制24×（ – 4）的矩形。拉伸矩形，拉伸距离为5，如右图所示。

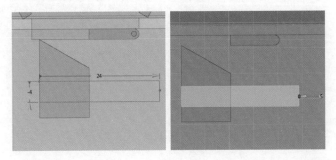

11. 把基体向左移动4，如左图所示。鼠标选取"矩形" ▢ 命令，在扇车箱侧板上单击确定绘制面，在如右图所示位置绘制16×4的矩形。

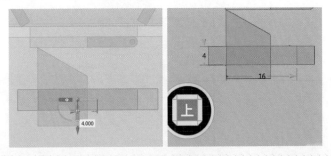

12. 拉伸矩形，拉伸距离为3，如左图所示。鼠标选取"组合编辑" 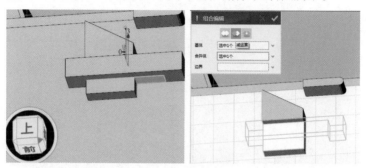 命令，选择"减运算"为卡板剔出槽，如右图所示。

13. 利用"圆柱体" 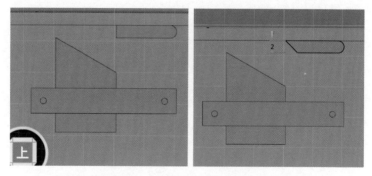 命令把卡槽基体铆在侧板上，如左图所示。鼠标选取"倒角" 命令，对板把进行倒角，倒角度数为2，如右图所示。

14. 把中梁铆在侧板上，完成扇车的制作，如图所示。

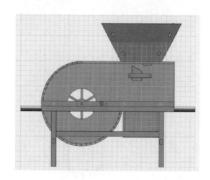

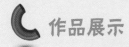

作品展示

小技巧

古代的扇车风扇箱体是用木板拼成的，外面用铁箍进行固定。我们打印时先打印一边没有侧板和风扇的扇车，然后再把风扇和侧板安装上去，这样打印出来的扇车就能动起来了。

第

8

课

龙骨车

扫码观看
讲解视频

一、追溯龙骨车的渊源

　　龙骨车也叫"翻车""踏车""水车"，是一种灌溉农具，主要流传于我国南部地区。这种提水机器历史悠久，因为其形状像龙骨，故名"龙骨车"，如下图所示。龙骨车出现于东汉时期，后由三国时期的发明家马钧加以改进。

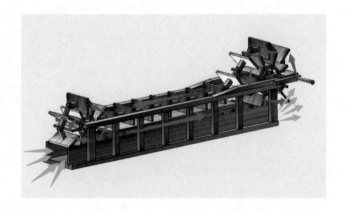

　　南宋陆游诗《春晚即景》："龙骨车鸣水入塘，雨来犹可望丰穰。"在目前见到的史料中，这是比较早的出处。龙骨车长度在4m左右，提水高度在1～2m，比较适合从水渠直接向农田提水。龙骨车的传动装置有平轮和立轮两种。

　　龙骨车的工作原理：龙骨车一般安放在河边，下端水槽和刮板直接放进水中，利用链轮传动原理，以人力或畜力为动力，带动木链转动，装在木链上的刮板就能把水从河中提升到岸上，进行农田灌溉。这种水车的出现，对解决灌溉问题起到极其重要的作用。最初的龙骨车是用人力转动的，后来人们又创制出利用畜力、风力、水力等转动的多种水车。

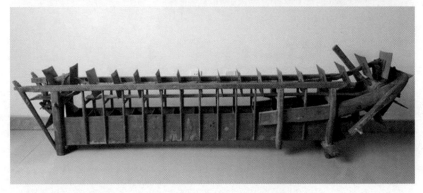

二、 龙骨车的制作构思

　　龙骨车制作时，首先确定龙骨链条上两个水刮板间的距离（龙骨连杆上两个孔间的距离），根据这个距离确定六边形轮和八边形轮的边长大小（这两个边长长度应相同），从而得出六边形、八边形的半径。然后根据以上的数据测算出龙骨车两个轮间的距离，这个距离恰巧是水刮板间距的倍数。最后计算出水槽长度。得出这些数据后，制作水槽及骨架、水轮、龙骨链条，之后进行龙骨组件装配。本例中龙骨车各个部件的尺寸计算是一个难点。

制作尺寸为278×40×74，制作比例为1∶10。

三、 龙骨车的制作步骤

下面介绍龙骨车的制作步骤。

1. 制作龙骨车水槽和骨架。

2. 制作龙骨车链轮。

3. 制作龙骨车链条。

4. 安装龙骨车链轮和龙骨。

5. 制作和安装龙骨车摇把。

四、 龙骨车的制作过程

第一步 制作龙骨车水槽和骨架

1. 打开3D One软件，把视图角度调成"上"。鼠标选取"矩形"□命令，以屏幕窗口的中心点为起点绘制一个250×40矩形，如左图所示。然后对矩形进行一边拉伸，拉伸距离为4，绘制龙骨车车底板基体，如右图所示。

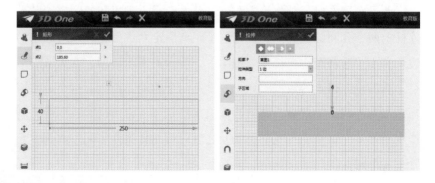

2. 鼠标选取"矩形"命令，以底板的左下角为起点绘制5×4的定位矩形，如左图所示。然后以定位矩形的左上角为起点绘制两个250×2的矩形，如右图所示。

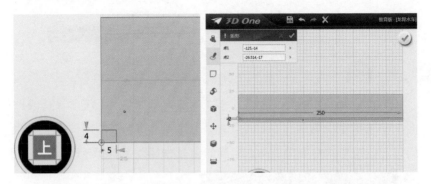

3. 删除定位矩形，拉伸矩形，拉伸距离为17，如左图所示。把视图角度调成"前"，鼠标选取"移动" ▮ 命令，选择"动态移动"，把立板向下移动 − 2，如右图所示。

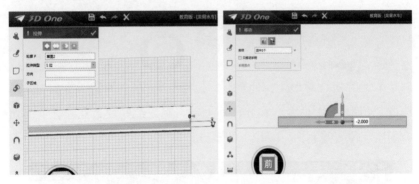

4. 把视图角度调成"左"，鼠标选取"阵列" ▦ 命令，把立板阵列到另一侧，阵列距离 − 30，如左图所示。把这两个立板复制出两份，鼠标选取"组合编辑" ▣ 命令，"基体"选择底板，"合并体"选择立板，选择"减运算"，在底板上剔出立板槽，如右图所示。

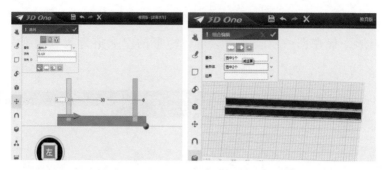

5. 把视图角度调成"前"，鼠标选取"矩形"□命令，在侧板面上单击确定绘制面，在如左图所示位置绘制52×5的定位矩形。然后以定位矩形的右下角为起点绘制5×34的矩形，如右图所示。

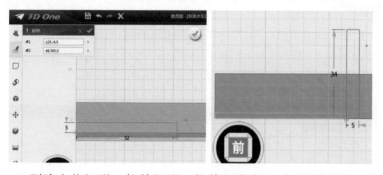

6. 删除定位矩形，拉伸矩形，拉伸距离为4，如左图所示。鼠标选取"矩形"□命令，在立柱面上单击确定绘制面，在立柱上部如右图所示位置绘制5×（−2）的矩形。

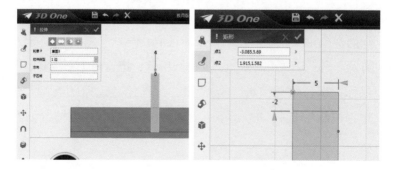

7. 鼠标选取"拉伸" 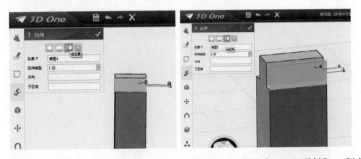 命令，选择"减运算"，拉伸距离为
－1（这里－号表示方向，向内拉伸－，向外拉伸＋），如左图所
示。立柱顶端后面同样绘制草图，拉伸并删除一部分，如右图所示。

8. 如左图所示，在立柱下面采用同样方法进行双面剔槽。鼠标选
取"移动" 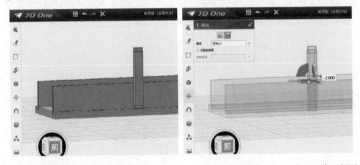 命令的"动态移动"，把立柱向下移动－2，如右图所示。

9. 采用同样方法制作六个立柱，这里直接阵列六个，阵列距离为
150，每个间距为25，如左图所示。在两侧立柱的左右侧各绘制
（－23.5）×5和34.5×5的定位矩形，如右图所示。

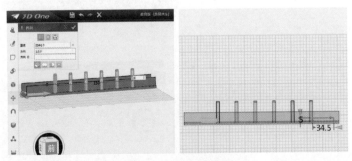

10. 在定位矩形两侧绘制一个（－7）×34和一个7×34的矩形，如左图所示。删除定位矩形，拉伸矩形，拉伸距离为4，如右图所示。

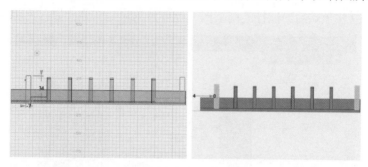

11. 采用同样方法为两个立柱剔槽，如左图所示。左右两个立柱下移，下移距离为－2，如右图所示。

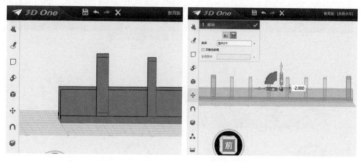

12. 鼠标选取"矩形" ▭ 命令，在立柱面上单击确定绘制面，以左侧立柱剔槽角为起点绘制235×4的矩形，如左图所示。鼠标选取"拉伸" ▱ 命令，拉伸距离为6，如右图所示。

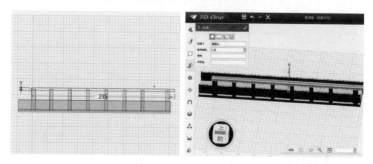

13. 把视图角度调成"上"，利用"动态移动"命令把刚绘制的基体向左移动4，如左图所示。把基体向上移动－5，如右图所示。

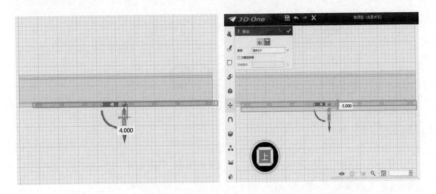

14. 把八根立柱复制成两份，如左图所示。鼠标选取"组合编辑" 命令，选择"减运算"，"基体"选择上板和底板，"合并体"选择八根立柱，如右图所示。

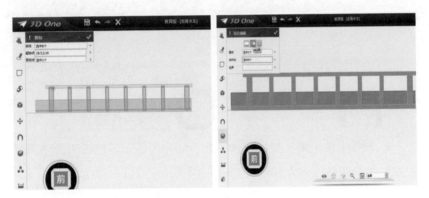

15. 另一侧采用同样方法绘制，这里直接采用"阵列" 命令，阵列距离为36，如左图所示。把八根立柱复制成两份，鼠标选取"组合编辑" 命令，选择"减运算"，"基体"选择底板，"合并体"选择八根立柱，如右图所示。

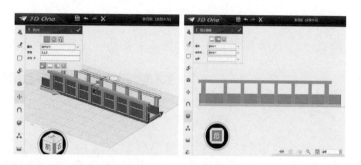

第二步 制作龙骨车链轮

1. 把视图角度调成"前"，鼠标选取"矩形" ▭ 命令，在第一根立柱上单击确定绘制面，在如左图所示位置绘制3.5×28.5（这个数据是经计算得到的）的定位矩形。然后以定位矩形右上角为圆心绘制半径为5的圆，如右图所示。

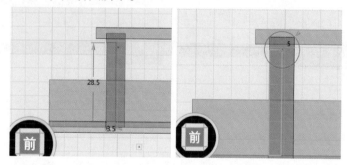

2. 删除定位矩形，把圆拉伸－26，如左图所示。把视图角度调成"左"，把圆柱体向左移动－7，如右图所示。

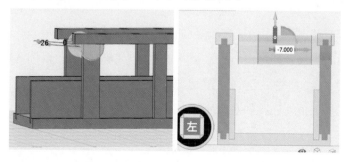

3.把视图角度调成"前"，隐藏上梁和第一根立柱，鼠标选取"矩形" ▢ 命令，在圆心单击确定绘制面，在如左图所示位置绘制2×15的矩形。拉伸矩形，拉伸距离为 – 26，如右图所示。

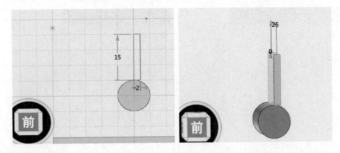

4.鼠标选取"移动" ▨ 命令中的"动态移动"，把刚制作的长方体向左移动1、向下移动 – 2，如左图所示。鼠标选取"阵列" ▦ 命令，把这个矩形"圆形阵列"成六个，如右图所示。

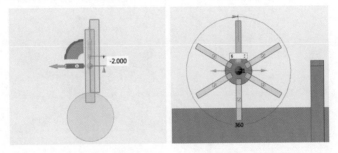

5.把这六个长方体复制成两份，如左图所示。鼠标选取"组合编辑" ◼ 命令，选择"减运算"，"基体"选择圆柱体，"合并体"选择六个长方体，在圆柱体上剔槽，如右图所示。

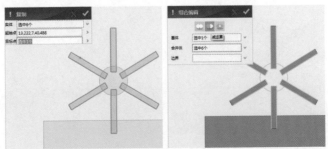

6. 在如左图所示位置，鼠标选取"直线"命令，在扇叶侧面单击确定绘制面，绘制两条长度为5的线段。在两条线段上面再绘制两条长度为3的线段，如右图所示。

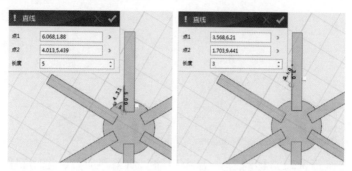

7. 删除长度为5的线段，连接长度为3的两条线段端点，如左图所示。拉伸梯形草图，拉伸距离为－26，如右图所示。

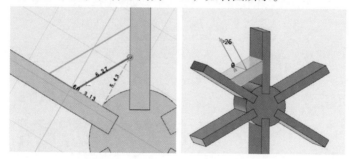

8. 鼠标选取"阵列" ⊞ 命令，选择"圆形阵列"，把基体阵列成六个，如左图所示。在如右图所示位置绘制半径为1的圆。

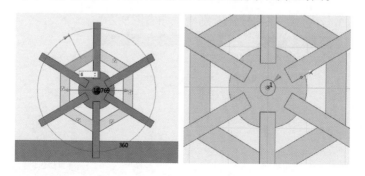

9. 拉伸圆形，拉伸距离为－42，如左图所示。把刚拉伸的圆柱体复制成两个，如右图所示。

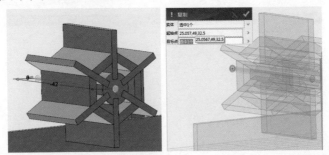

10. 显示全部基体，把视图角度调成"左"，利用"动态移动"命令把两个轴向右移动8，如左图所示。鼠标选取"组合编辑" 🔷 命令，选择"减运算"，"基体"选择两根立柱和链轮轴，"合并体"选择刚制作的中轴，开出轴孔，如右图所示。

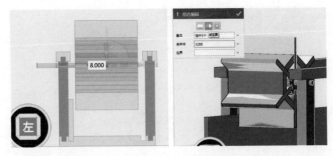

11. 把视图角度调成"前"，在龙骨车架右侧如左图所示位置绘制（－80）×4的矩形。拉伸草图，拉伸距离为－6，如右图所示。

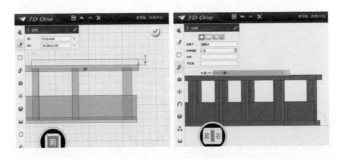

12. 在如左图所示位置绘制一条长30的线段。鼠标选取"实体分割" 命令，利用这条线段把基体切出斜面，如右图所示。

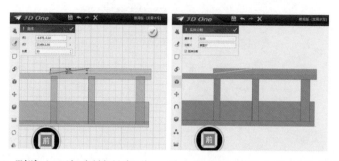

13. 删除上面切割掉的部分，另一侧采取同样方法制作基体，这里直接采用阵列方式，阵列距离为36，如左图所示。把视图角度调成"前"，鼠标选取"矩形"命令，在最右侧横梁上单击确定绘制面，在如右图所示位置绘制（−3.5）×36的定位草图。

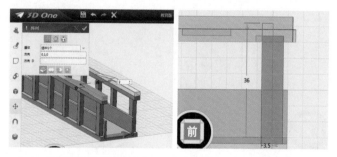

14. 在如左图所示位置绘制半径为8的圆。删除定位矩形，拉伸圆形，拉伸距离为−26，如右图所示。

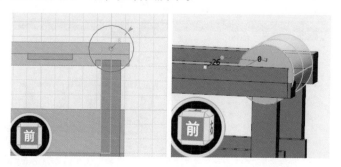

15. 把视图角度调成"右"，把圆柱移动到中间，移动距离为 −8，如左图所示。把视图角度调成"前"，隐藏立柱和横梁，绘制 2×18.5矩形草图，如右图所示。

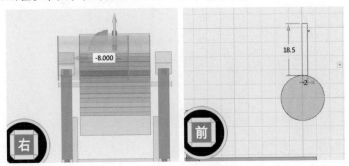

16. 拉伸草图，拉伸距离为 −26，如左图所示。调整扇叶位置，向左移动 −1、向下移动 −2，如右图所示。

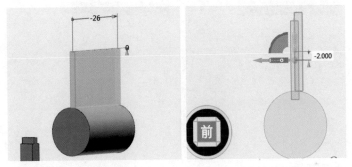

17. 把扇叶"圆形阵列"成八个，如左图所示。把八个扇叶再复制出一份，如右图所示。

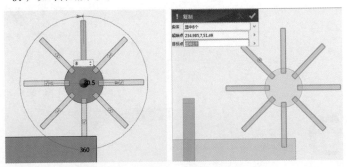

18. 利用"组合编辑" 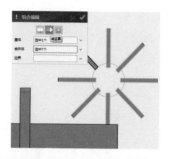 中的"减运算"命令，在链轮轴上剔槽，如图所示。

19. 在如左图所示位置，鼠标选取"直线"命令，在扇叶侧面单击确定绘制面，绘制两条长度为5的线段。在两条线段上面再绘制两条长度为3的线段，如右图所示。

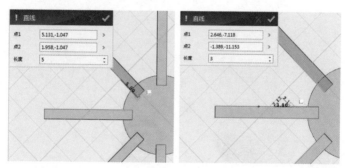

20. 删除两条长度为5的线段，连接长度为3的两条线段端点，如左图所示。拉伸梯形草图，拉伸距离为 − 26，如右图所示。

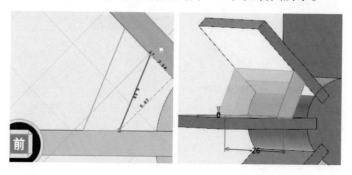

21. 鼠标选取"阵列" ⣿ 命令，选择"圆形阵列"，把基体阵列成八个，如左图所示。在链轮轴心绘制半径为1的圆，如右图所示。

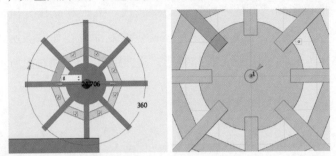

22. 拉伸圆形草图，拉伸距离为－47，如左图所示。把刚制作的轴复制成两个，如右图所示。

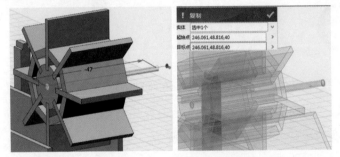

23. 把视图角度调成"右"，显示立柱和横梁，把轴移动到中间位置，移动距离为12，如左图所示。显示全部，鼠标选取"组合编辑" ▣ 命令，选择"减运算"，"基体"选择两根横梁、两根立柱和一个链轮轴，"合并体"选择轴，开出轴孔，如右图所示。

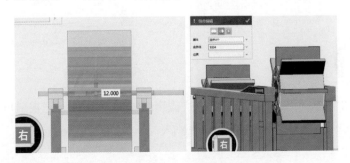

第三步 制作龙骨车链条

1. 把视图角度调成"前"，隐藏底板、立板和立柱。鼠标选取"矩形" □ 命令，在扇叶板上单击确定绘制面，在如左图所示位置绘制26×（-4）的矩形。拉伸矩形，拉伸距离为4，如右图所示。

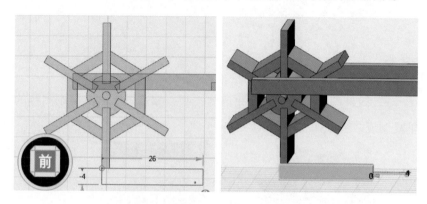

2. 鼠标选取"矩形" □ 命令，在基体上面绘制（-14）×（-4）的矩形，如左图所示。拉伸矩形，选择"减运算"，拉伸距离为-1，为这个长方体剔槽，如右图所示。

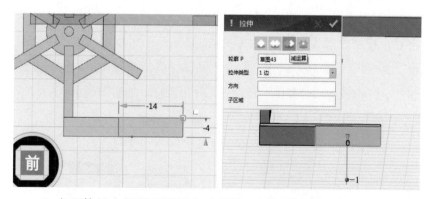

3. 在基体另一侧采用同样方法剔槽，如左图所示。把视图角度调成"左"，在如右图所示位置绘制1×（-4）的定位矩形。

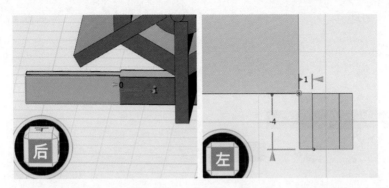

4. 沿着定位矩形右侧绘制2×（−4）的矩形，如左图所示。删除定位矩形，对草图进行拉伸，选取"减运算"，拉伸距离为−4.5，在长方体端部剔出槽，如右图所示。

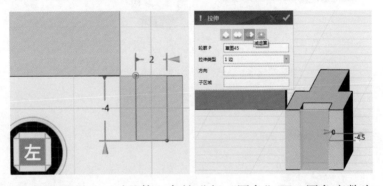

5. 如左图所示，对基体六条棱进行"圆角" ◐ ，圆角度数为2。鼠标选取"圆形" ◉ 命令，在刚绘制的基体面左侧上单击确定绘制面，在如右图所示位置（半圆的圆心上）绘制两个半径为0.5的圆。

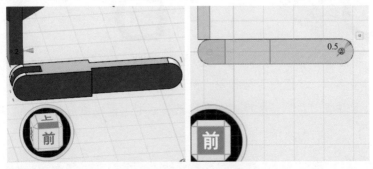

6. 鼠标选取"拉伸" 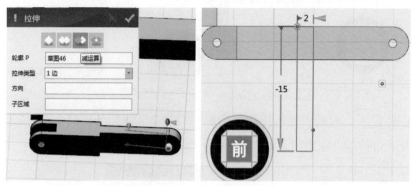 命令，选择"减运算"，拉伸距离为 −4，为基体开两个孔，如左图所示。鼠标选取"矩形" 命令，在刚绘制基体面左侧上单击确定绘制面，在如右图所示位置绘制2×（−15）的矩形。

7. 拉伸草图，拉伸距离为28，如左图所示。把视图角度调成"右"，鼠标选取"移动" 命令，选择"动态移动"，把刚制作的基体向右移动16、向上移动5.5，如右图所示。

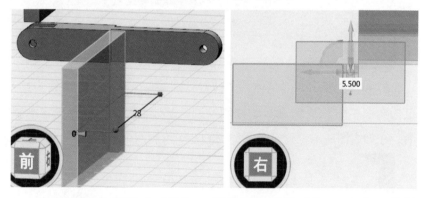

8. 把视图角度调成"前"，鼠标选取"移动" 命令，选择"动态移动"，把龙骨柱和龙骨刮板向左移动12，如左图所示。把视图角度调成"左"，选择"动态移动"，把龙骨柱和龙骨刮板向左移动 −15，如右图所示。

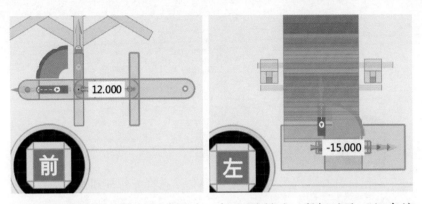

9. 把龙骨柱基体复制成两个，如左图所示。鼠标选取"组合编辑" ⬛ 命令，选择"减运算"，"基体"选择龙骨刮板，"合并体"选择龙骨柱基体，为龙骨刮板开孔，如右图所示。

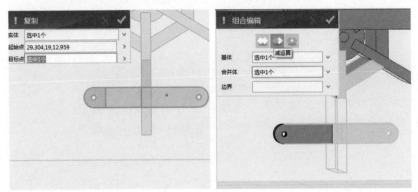

第四步 安装龙骨车链轮和龙骨

1. 把视图角度调成"前"，利用"动态移动"中的"旋转"，把叶轮旋转30°，如左图所示。鼠标选取"阵列" ⊞ 命令，选择"圆形阵列"，"基体"选择龙骨柱和龙骨刮板，阵列数量为6，阵列距离为38，圆心选择轴心，如右图所示。

2. 鼠标选择"线形阵列"，"基体"选择龙骨柱和龙骨刮板，阵列数量为11，阵列距离为220，如左图所示。鼠标选择"圆形阵列"，"基体"选择右侧龙骨柱和龙骨刮板，阵列数量为8，阵列距离为53，圆心选择轴心，如右图所示。

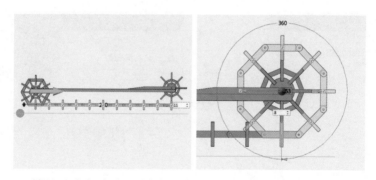

3. 利用"动态移动"中的"旋转"，把右侧叶轮旋转22.5°，如左图所示。在如右图所示位置删除两个多余龙骨柱。

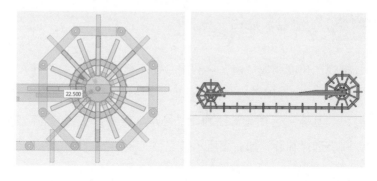

4. 鼠标选取"阵列" ⋮⋮⋮ 命令，"基体"选择下面刚制作的七对龙骨刮板和龙骨，阵列距离为20，方向选择向上，上面也绘制一排龙骨，如左图所示。选中七对龙骨，利用"动态移动"旋转180°，并把七对龙骨基体向左移动10，如右图所示。并利用"旋转手柄"调整龙骨角度和位置，使得龙骨眼能"同心"。

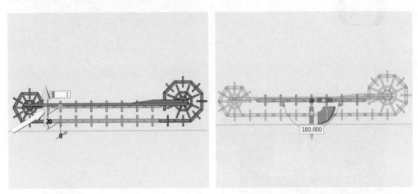

5. 鼠标选取"矩形" ▭ 命令，在如左图所示位置龙骨板上单击确定绘制面，绘制155×（－2）的矩形。拉伸矩形，拉伸距离为－32，如右图所示。

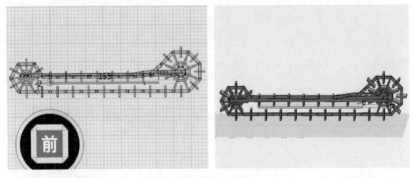

6. 如左图所示，把视图角度调成"上"，把托板向下移动2、向左移动9，使托板居中。显示所有基体，在如右图所示位置绘制半径为0.5的圆。

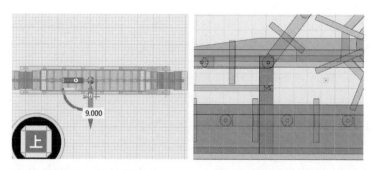

7. 拉伸圆形，拉伸距离为－40，制作出固定托板穿钉，如左图所示。鼠标选取"阵列" ⊞ 命令，把穿钉向左阵列出六个，阵列距离为150，如右图所示（注意阵列两次）。

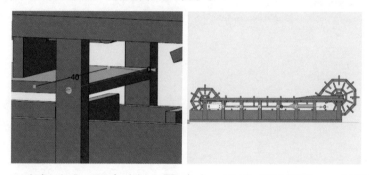

8. 鼠标选取"组合编辑" ◼ 命令，选择"减运算"，"基体"选择十二个立柱和托板，"合并体"选择六根穿钉，为立柱和托板绘出眼孔，如左图所示。如右图所示，为龙骨制作长度为6、半径为0.5的穿钉。

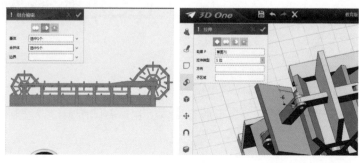

9. 调整穿钉位置到正中，如左图所示。利用"阵列" ⊞ 和"移动" ▦ 等方式为每个龙骨连接口穿上穿钉，如右图所示。

 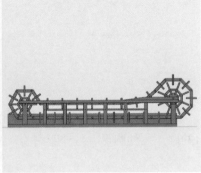

第五步 制作和安装龙骨车摇把

1. 调整视图角度为"前"，鼠标选取"矩形" ▭ 命令，在右侧圆轴面上单击确定绘制面，在如左图所示位置绘制30×（−4）的草图。拉伸草图，拉伸距离为4，如右图所示。

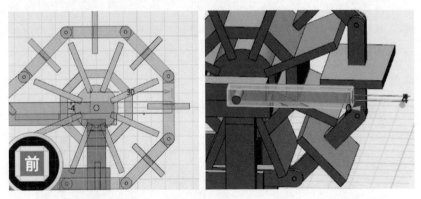

2. 在刚制作的基体右侧面上绘制半径为2的圆，如左图所示。拉伸圆形，拉伸距离为20，如右图所示。

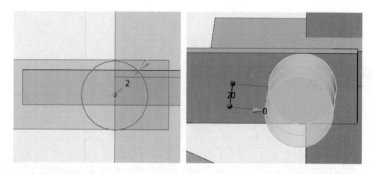

3. 在如左图所示位置，在圆轴面上单击确定绘制面，绘制半径为1的圆。拉伸圆形，拉伸距离为 – 24，如右图所示。

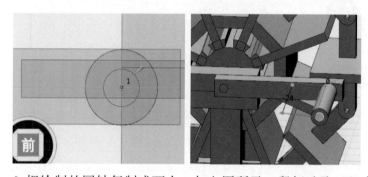

4. 把绘制的圆轴复制成两个，如左图所示。鼠标选取"组合编辑" 命令，选择"减运算"，"基体"选择摇把和手柄，"合并体"选择刚制作的轴，为摇把开出轴孔，如右图所示。至此完成龙骨车制作。

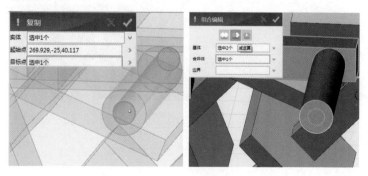

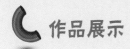 **作品展示**

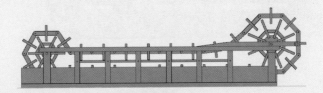

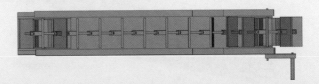

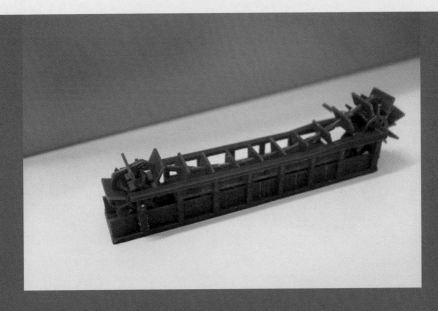

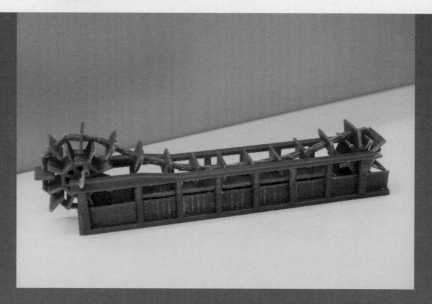

龙骨车尺寸计算方法

（1）首先确定单根龙骨两孔间距为22（龙骨：长度为22+2+2=26，宽度为4），如图所示。

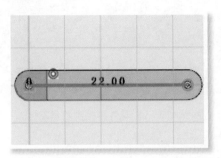

（2）得出龙骨组成的六边形和八边形的边长都为22，如图所示。

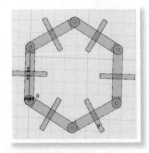
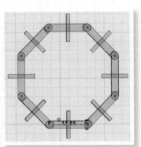

（3）小六边形顶点到中心点距离为21.95，大六边形顶点到中心点距离为28.59，如图所示。

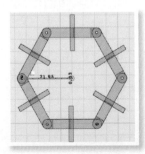
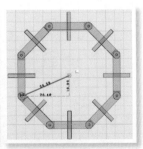

（4）实际拨轮半径长度要比六边形和八边形半径短一点，即21.95－4≈18，28.59－4≈24.5，如图所示。

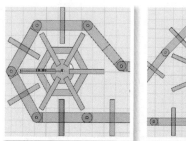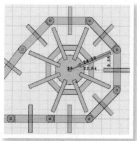

（5）如图所示，两轮间放11根龙骨，距离就是22×11＝242。两个轴心间距离是220。

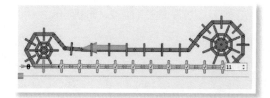

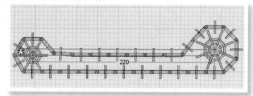

（6）轮轴心到底托板距离为28.5和36，下面留出2的活动空间，如图所示。

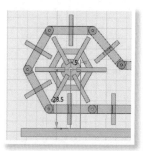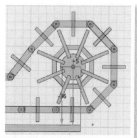

第 9 课

水碓

扫码观看
讲解视频

一、追溯水碓的渊源

水碓也叫水捣器、翻车碓、斗碓、鼓碓、机碓，是我国古代农用春米机器（如右图所示），流行于我国多数地区。水碓还有其他用途，凡需要捣碎的东西（如药物、香料、矿石、竹篾、纸浆等），都可用水碓捣碎。

据说水碓是由南北朝时期祖冲之发明的。在20世纪60年代中期，还有农民在用水碓磨蚊香木粉。随着农业自动化水平的提高和水源环境的变化，在20世纪末水碓才完全退出农民的生活。

水碓的工作原理：如右图所示，水碓上装有一个大型水轮，水轮上装有几十个拨片，转轴上装有一些彼此错开的拨杆，（拨杆是用来拨动捣杆的）。捣杆一端装有碓柱，碓柱上装一块圆锥形石头。下面的石臼里放上准备加工的稻谷。流水推动水轮转动，并带动轴上的拨杆拨起捣杆，使碓头一起一落地进行春米。

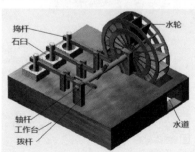

捣杆
石臼
水轮
轴杆
工作台
拨杆
水道

二、 水碓制作构思

水碓制作时，首先确定水轮的尺寸，根据水轮的尺寸制作工作台（生活中的水碓是安装在地面上的）并在工作台上开出安装水轮用的孔；然后制作水轮支架和水轮，并把水轮装在支架上；最后制作臼体，根据拨杆的长度制作捣杆。

制作尺寸为50×43×32，制作比例为1∶100。

三、 水碓的制作步骤

下面介绍水碓的制作步骤。

1. 制作水碓工作台。

2. 制作水碓水轮支架。

3. 制作水碓水轮。

4. 制作水碓臼体与捣杆。

四、 水碓的制作过程

第一步 制作水碓工作台

1. 打开3D One软件，把视图角度调成"上"。鼠标选取"矩形" □ 命令，以屏幕窗口的中心点为起点绘制一个 50×43的矩形，如左图所示。拉伸草图，拉伸距离为10，如右图所示。

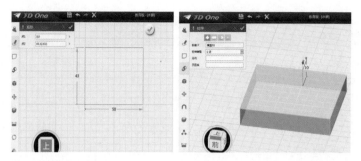

2. 把视图角度调成"上"，以基体的左下角为起点绘制4×4的定位矩形，如左图所示。然后以定位矩形的右上角为起点绘制30×8的矩形，如右图所示。

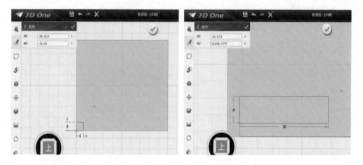

3. 删除定位矩形，选取"拉伸" 命令，选择"减运算"，拉伸距离为－10，为长方体开孔，如左图所示。把视图角度调成"左"，以基体的右下角为起点绘制（－4）×1的定位矩形，如右图所示。

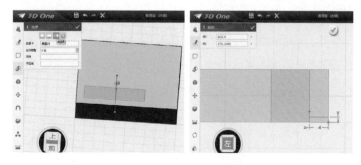

4. 以定位矩形的左上角为起点绘制（－8）×8的矩形，如左图所示。删除定位矩形，选取"拉伸" 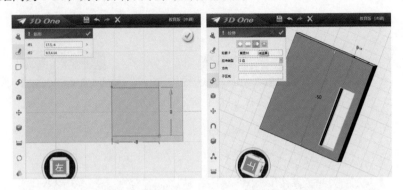 命令，选择"减运算"，拉伸距离为－50，为长方体开孔，如右图所示。

第二步 制作水碓水轮支架

1. 把视图角度调成"上"，以基体的左下角为起点绘制17×2的定位矩形，如左图所示。然后以定位矩形的右上角为起点绘制4×2的矩形，如右图所示。

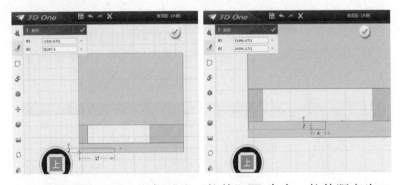

2. 删除定位矩形，鼠标选取"拉伸" 命令，拉伸距离为13，把矩形拉成长方体，如左图所示。鼠标选取"阵列" 命令，把基体向上阵列出一个，阵列距离为10，如右图所示。

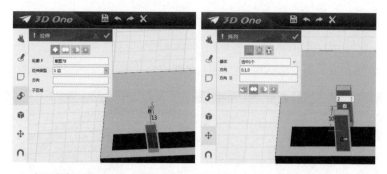

3. 把刚阵列出的长方体再向上阵列出一个，阵列距离为26，如左图所示。鼠标选取"移动" 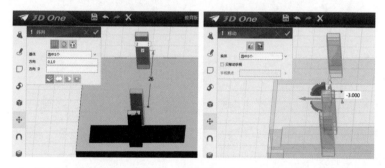 命令，选择"动态移动"，选中刚绘制出的三个基体，把它们向下移动−3，如右图所示。

4. 把三个基体复制成两份。鼠标选取"组合编辑" 命令，选择"减运算"，出现对话框，"基体"选择底台，"合并体"选择三个基体，在底台上开三个孔，如左图所示。把视图角度调成"前"，以小基体的左上角为起点绘制2×（−2）的定位矩形，如右图所示。

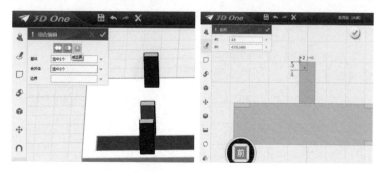

5. 以定位矩形的右下角为圆心绘制半径为1的圆，如左图所示。删除定位矩形，鼠标选取"拉伸" ![icon] 命令，拉伸距离为 - 40，把圆形草图拉成圆柱体，如右图所示。

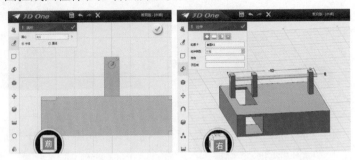

6. 把视图角度调成"右"，鼠标选取"移动" ![icon] 命令，选择"动态移动"，把圆柱体向左移动1，如左图所示。把圆柱体复制成两个，选取"组合编辑" ![icon] 命令，选择"减运算"，"基体"选择三根立柱，"合并体"选择圆柱体，在三个立柱上分别开孔，如右图所示。

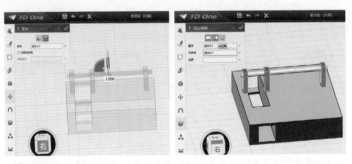

第三步 制作水碓水轮

1. 把视图角度调成"前"，以圆柱体截面中心点为圆心绘制半径为1和半径为4的同心圆，如左图所示。拉伸圆环，拉伸距离为6，如右图所示。

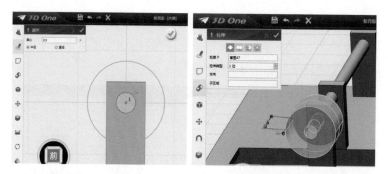

2. 把视图角度调成"右",利用"动态移动"命令把圆柱体向右移动 - 10,如左图所示。隐藏第一个立柱和长圆柱体,把视图角度调成"前",鼠标选取"矩形" ▢ 命令,以圆柱体圆心为起点绘制 0.4×12的矩形,如右图所示。

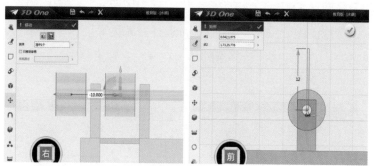

3. 把草图拉伸 - 6,如左图所示。鼠标选取"移动" ▦ 命令,选择"动态移动",把刚拉伸的基体向左移动0.2、向上移动2,如右图所示。

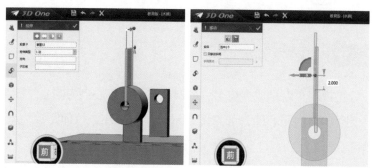

4. 鼠标选取"阵列" ⠿ 命令，选择"圆形阵列"，把这个基体
阵列成18个水轮叶，如左图所示。利用"Ctrl+C"组合键，把这些水
轮叶复制成两份，如右图所示。

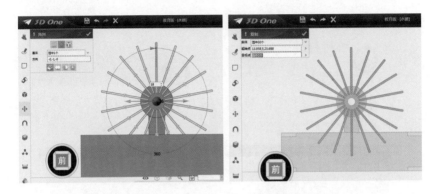

5. 鼠标选取"组合编辑" ▣ 命令，选择"减运算"，"基体"
选择中间的圆柱体，"合并体"选择周围的18个水轮叶，在中间的圆
柱体上为长方体剔槽，如左图所示。鼠标选取"圆形" ⊙ 命令，以
圆柱体圆心点为圆心绘制半径为14和半径为12.5的圆，如右图所示。

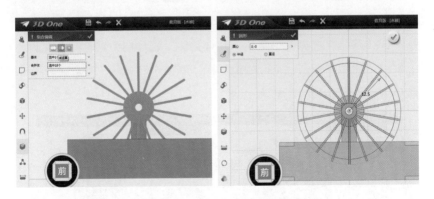

6. 鼠标选取"拉伸" ▣ 命令，"拉伸类型"选择对称，拉伸距
离为0.2，如左图所示。采用同样方法绘制半径为8和半径为10的圆，
如右图所示。

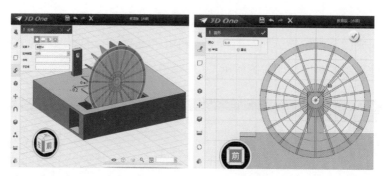

7. 对称拉伸这个圆环，拉伸距离为0.2，如左图所示。如右图所示，把水轮叶复制成两份。

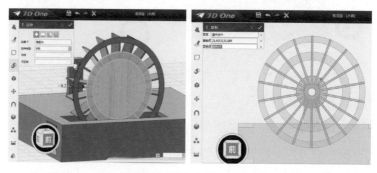

8. 鼠标选取"组合编辑" 命令，出现对话框，选择"减运算"，"基体"选择大小圆环，"合并体"选择18个水轮叶，在圆环上剔槽，如左图所示。另一侧也同样绘制两个圆环体，这里直接采用镜像方式，如右图所示。

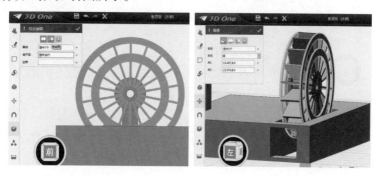

第四步 制作水碓臼体与捣杆

1. 把视图角度调成"上"，以底台基体的右上角为起点绘制（－3.5）×（－4）的定位矩形，如左图所示。以定位矩形的左下角为起点绘制（－7）×（－7）的矩形，如右图所示。

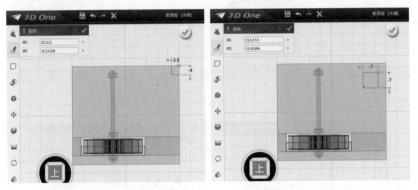

2. 删除定位矩形，选取"拉伸" 🔲 命令，拉伸距离为5，如左图所示。鼠标选取"圆形" ⊙ 命令，以刚绘制的长方体中心为圆心绘制半径为2.5的圆，如右图所示。

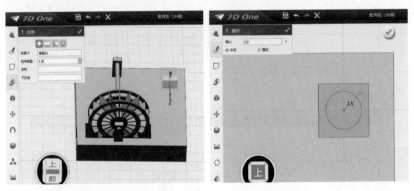

3. 鼠标选取"拉伸" 🔲 命令，选择"减运算"，拉伸距离为－4，在长方体中间开孔，如左图所示。鼠标选取"圆角" 🔲 命令，对孔底部进行圆角，圆角度数为2.5，如右图所示。

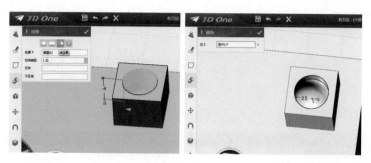

4.鼠标选取"移动" 命令,选择"动态移动",把基体向下移动 – 2,如左图所示。把视图角度调成"右",鼠标选取"阵列" 命令,把基体向左阵列出三个,阵列距离为18,如右图所示。

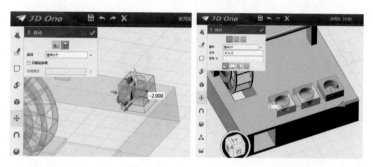

5.把三个基体"复制"成两份,如左图所示。鼠标选取"组合编辑" 命令,选择"减运算",出现对话框,"基体"选择底台,"合并体"选择三个臼体,在底台上开三个孔,如右图所示。删除臼里面的基体。

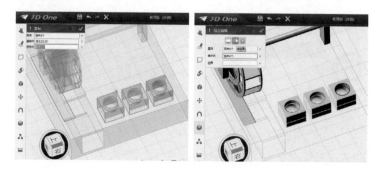

6. 把视图角度调成"上"，以底台基体的右上角为起点绘制（－20）×（－6）的定位矩形，如左图所示。然后以定位矩形的左下角为起点绘制（－2）×（－1）的矩形，如右图所示。

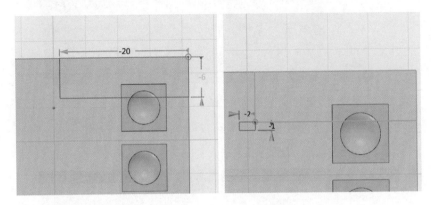

7. 删除定位矩形，拉伸草图，拉伸距离为10.5，如左图所示。把视图角度调成"后"，以基体的右上角为起点绘制（－1）×（－1.5）的定位矩形，如右图所示。

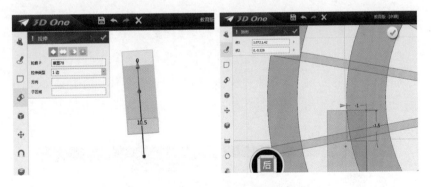

8. 鼠标选取"圆形" ⊙ 命令，以定位矩形的左下角为圆心绘制半径为0.5的圆，如左图所示。删除定位矩形，拉伸草图，拉伸距离为－4，如右图所示。

9.把视图角度调成"右"，鼠标选取"移动" 命令，选择"动态移动"，把刚绘制的基体向右移动 − 0.5，如左图所示。如右图所示，把圆柱体复制成两份。

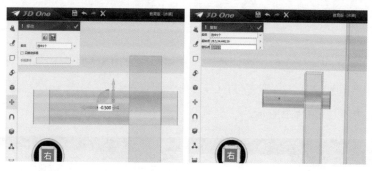

10.鼠标选取"组合编辑" 命令，选择"减运算"，"基体"选择长方体基体，"合并体"选择圆柱体，在长方体上开孔，如左图所示。鼠标选取"阵列" 命令，把长方体基体向左阵列出三个，阵列距离为18，如右图所示。

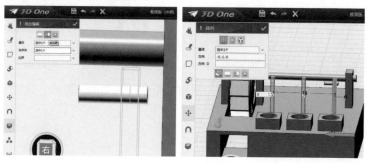

11. 鼠标选取"阵列"命令，把圆柱基体向左阵列出三个，阵列距离为18，如左图所示。把三个立柱基体复制成两份，如右图所示。

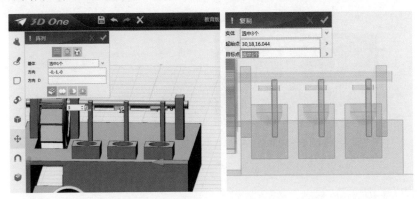

12. 鼠标选中三个立柱，利用"动态移动"命令把三个复制出的基体向左移动2，如左图所示。鼠标选取"移动" 🔲 命令，选择"动态移动"，选中六个立柱基体和三个横柱基体，把它们向下移动－3，如右图所示。

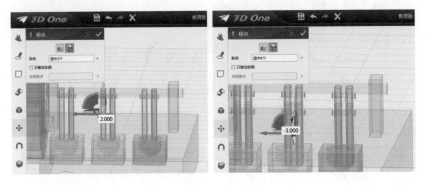

13. 把六个立柱基体复制成两份。鼠标选取"组合编辑" 🔳 命令，选择"减运算"，出现对话框，"基体"选择底台，"合并体"选择六个基体，在底台上开出六个孔，如左图所示。把视图角度调成"上"，鼠标选取"矩形" 🔲 命令，在臼面上单击确定绘制面，以臼内中心点为起点绘制（－23）×（－1）的矩形，如右图所示。

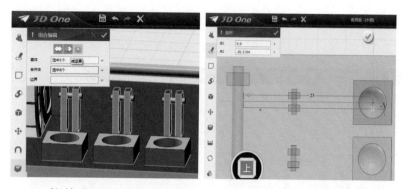

14. 拉伸草图，拉伸距离为1.5，如左图所示。把视图角度调成"上"，把基体向上"动态移动"－0.5、向右"动态移动"－2.5，如右图所示。

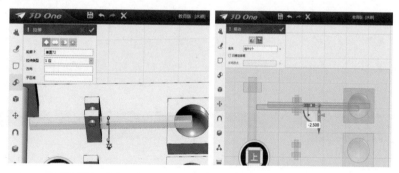

15. 把视图角度调成"后"，鼠标选取"移动" 命令，选择"动态移动"，把捣杆基体向上移动2.3，如左图所示。如右图所示，把捣杆轴复制成两份。

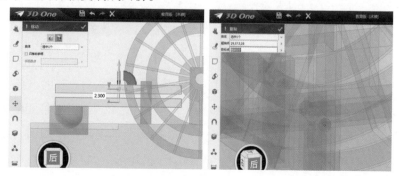

16. 鼠标选取"组合编辑" 📦 命令，选择"减运算"，"基体"选择捣杆体，"合并体"选择轴体，在捣杆体上开孔，如左图所示。鼠标选取"阵列" ⊞ 命令，把捣杆基体向左阵列出三个，阵列距离为18，如右图所示。

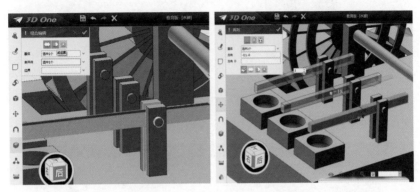

17. 把视图角度调成"上"，隐藏上面一个捣杆。鼠标选取"圆形" ⊙ 命令，在臼面上单击确定绘制面，以臼内中心点为圆心绘制半径为1的圆，如左图所示。拉伸圆形，拉伸距离为8，如右图所示。

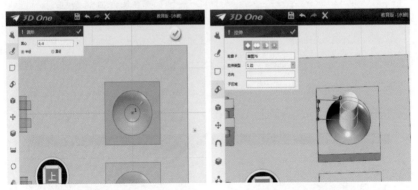

18. 鼠标选取"圆角" ◐ 命令，对刚制作的圆柱体下部进行圆角，圆角度数为0.5，如左图所示。显示隐藏的捣杆，鼠标选取"移动" ⬛ 命令中的"动态移动"命令，把刚绘制基体向下移动－2，如右图所示。

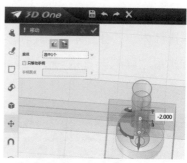

19. 把捣杆基体复制成两个，如左图所示。鼠标选取"组合编辑" ▣ 命令，选择"减运算"，"基体"选择碓柱基体，"合并体"选择捣杆，在碓柱上开孔，如右图所示。

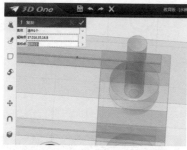
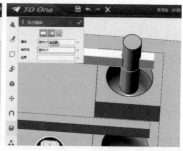

20. 把视图角度调成"右"，鼠标选取"阵列" ⠿ 命令，把捣柱基体向左阵列出三个，阵列距离为18，如左图所示。把视图角度调成"上"，鼠标选取"矩形" ▢ 命令，在第一个捣杆上单击确定绘制面，以捣杆体左上角为起点绘制（－10）×（－1）的矩形，如右图所示。

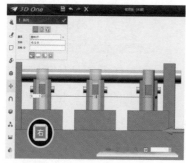
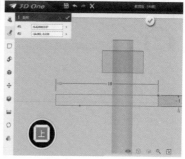

21. 拉伸草图，拉伸距离为1，如左图所示。把视图角度调成"后"，把刚制作的基体向上"动态移动"0.7、向左移动 – 1.5，如右图所示。

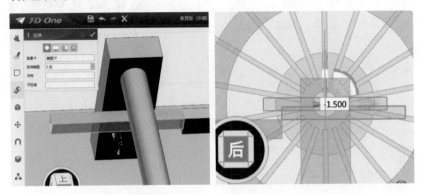

22. 鼠标选取"阵列" ⠿ 命令，选择"圆形阵列"，把这个基体阵列成三个，如左图所示。把视图角度调成"左"，利用"动态移动"命令把刚阵列出的两个基体向右移动9和18，如右图所示。

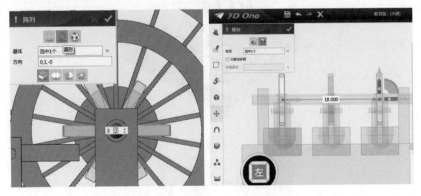

23. 把三个基体复制成两份，如左图所示。鼠标选取"组合编辑" ▣ 命令，选择"减运算"，"基体"选择水轮轴杆基体，"合并体"选择三个拨杆基体，在水轮轴杆上开孔，如右图所示。至此完成水碓制作。

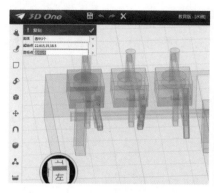 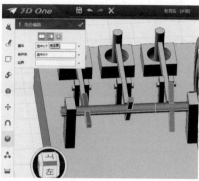

作品展示

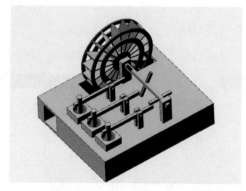

小技巧

水碓制作过程基本是按照3D打印过程完成的，制作过程比较简单。打印时可以把零件分别打印，然后再进行组装。

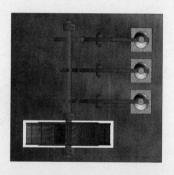

第 **10** 课

走马灯

一、追溯走马灯的渊源

走马灯又叫跑马灯、串马灯，在秦汉时期称为蟠螭灯，唐代称为仙音烛和转鹭灯，宋代称为马骑灯。

公元1000年左右，中国劳动人民就创造了走马灯。许多古籍都有关于走马灯的记述。正月十五元宵节，民间有灯会挂花灯习俗，走马灯为其中一种。外形为宫灯形状，宫灯内部用纸粘成一个轮，绘制有骑马的剪纸粘在上面，如右图所示。

走马灯的工作原理：灯内点上蜡烛，燃烧的蜡烛产生的热气形成向上的热气流，推动叶轮转动。轮轴上有走马图，烛光将走马图的影子投射在灯屏上，图像随轮轴转动而转动，看起来好像马在不停走动一样，故名走马灯。

二、走马灯的制作构思

走马灯为宫灯样式，由挂钩、吊绳、花窗、骨架、走马图等构成。首先制作走马灯骨架，骨架木条间的相接采用榫卯结构（这个制作过程比较复杂，因为会有三根或四根拼插在一起）。本制作没有按照传

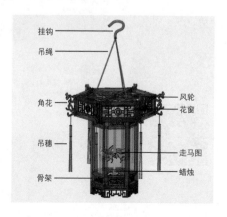

统常见的宫灯的制作方法，而是创新性地利用榫卯结构完成，体验榫卯结构的妙处（这也是3D打印的魅力，只要有想法就能设计打印出来）。花窗的设计并不很难，但制作过程比较烦琐。走马图的制作需要技巧，导入走马图，绘制成走马图基体，这样制作就容易了很多。为了呈现最终效果，最后绘制出透明窗纸、吊穗和挂钩。一个完整的走马灯就呈现到大家面前。

制作尺寸为72×72×72，制作比例为1：10。

三、 走马灯的制作步骤

1. 制作走马灯骨架。

2. 制作走马灯花窗。

3. 制作走马灯六角夹板雕花。

4. 制作走马灯上底和下底。

5. 制作走马灯走马架。

6. 制作与装配走马灯风轮。

7. 进行走马灯灯窗糊纸。

8. 制作走马灯吊穗。

四、 走马灯的制作过程

第一步　制作走马灯骨架

1. 打开3D One软件，把视图角度调成"上"。鼠标选取"矩形" □ 命令，以屏幕窗口的中心点为起点绘制一个5×5的矩形，如左图所示。鼠标选取"拉伸" ▣ 命令，对草图进行拉伸，拉伸距离为10，如右图所示。

2. 隐藏长方体，鼠标选取"正多边形"命令，在如左图所示位置绘制一个半径为30的正六边形草图。鼠标选取"偏移曲线" 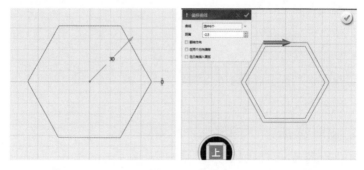 命令，对刚绘制的六边形进行六边向内偏移，偏移距离为－2.5（2.5就是骨架的厚度），如右图所示。

3. 鼠标选取"直线" \ 命令，连接如左图所示位置端点。鼠标选取"单击修剪" 命令，删除下面的所有线段，对刚绘制的草图进行拉伸，拉伸距离为2.5，如右图所示。（基体上下边长为30。）

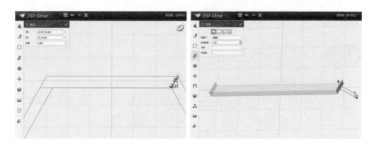

4. 榫卯步骤一：鼠标选取"直线"`\`命令，在基体上面单击确定绘制面，在如左图所示位置绘制2.89×2.89×2.89的等边三角形。鼠标选取"拉伸"命令，出现对话框，选择"减运算"，对刚绘制的三角形草图进行拉伸，拉伸距离为−1，如右图所示。

5. 榫卯步骤二：鼠标双击直三棱柱上面，并选取"拉伸"命令，把这个面向上拉伸0.75，如左图所示。榫卯步骤三：鼠标选取"移动"命令，选择"动态移动"，把这个直三棱柱向下移动−1.5，如右图所示。

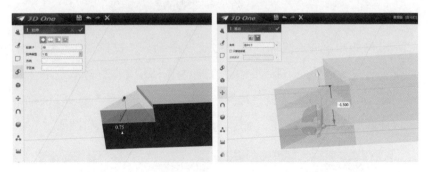

6. 鼠标选取"组合编辑"命令，出现对话框，选择"减运算"，"基体"选择大基体，"合并体"选择直三棱柱，如左图所示，确定完成。鼠标双击直三棱柱上面，选取"拉伸"命令，把这个面向上拉伸0.75（这步是制作一个剔槽工具），如右图所示。

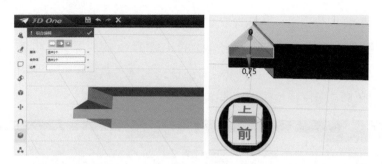

7. 榫卯步骤四（这步可以利用剔槽工具，也可以利用上面的方法）：鼠标选取"直线" ＼ 命令，在基体右侧绘制2.89×2.89×2.89的等边三角形，如左图所示。鼠标选取"拉伸" 命令，把这个草图向上拉伸0.75，如右图所示。

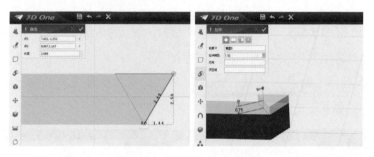

8. 榫卯步骤五：鼠标选取"移动" 命令，选择"动态移动"，把这个直三棱柱体向下移动－1.75，如左图所示。鼠标选取"组合编辑" 命令，出现对话框，选择"减运算"，"基体"选择大基体，"合并体"选择直三棱柱，确定完成，为基体剔槽，如右图所示。

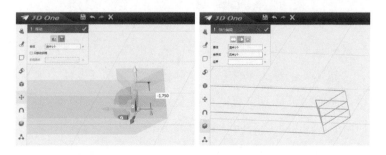

9. 鼠标选取"正多边形"命令，在如左图所示位置绘制一个半径为17.5的正六边形草图。鼠标选取"偏移曲线" 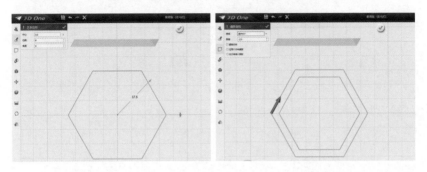 命令，对刚绘制的六边形进行向内偏移，偏移距离为－2.5，如右图所示。

10. 鼠标选取"直线" ╲ 命令，连接如左图所示位置端点。鼠标选取"单击修剪" 爿 命令，删除下面的所有线段，对刚绘制的草图进行拉伸，拉伸距离为2.5，如右图所示。（基体上下边长为30。）

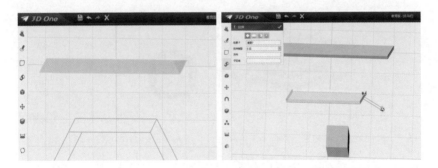

11. 与上面步骤一样，完成步骤一到步骤五，如左图所示。显示隐藏参考六面体，鼠标选取"阵列" ▦ 命令，出现对话框，"阵列类型"选择"圆形"阵列，"基体"选择两个基体，"方向"选择参考长方体左下角棱，"阵列数量"为6，如右图所示。

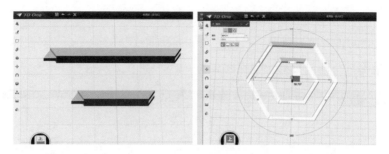

12. 鼠标选取"阵列" ⠿ 命令，出现对话框，"阵列类型"选择"线形"阵列，"基体"选择外侧六边形基体，"方向"选择参考基体左下角棱，"阵列数量"为2，阵列距离为12，如左图所示。鼠标选取"移动" ⠿ 命令，选择"动态移动"，把上层的大六边形框架翻转180°，如右图所示。

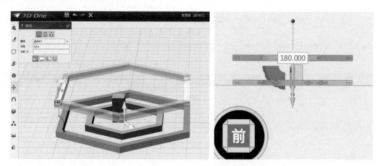

13. 把视图角度调成"上"，放大视图，以外框基体左上角为起点，沿棱线画两条长度为2.5的线段，在如左图所示样式和位置绘制成一个菱形。拉伸这个菱形草图，拉伸距离为－11.5，如右图所示。

14. 立柱榫卯步骤一：隐藏上框，把视图角度调成"上"，放大视图，在如左图所示位置立柱上端绘制四条长度为1的线段，然后把线段端点相连。鼠标选取"拉伸"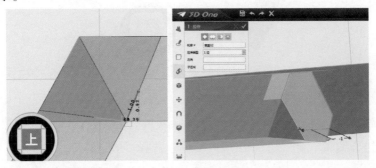 命令，拉伸距离为 – 1，如右图所示。

15. 立柱榫卯步骤二：鼠标选取"锥削"命令，出现对话框，"造型"选择刚拉伸的基体，"基准面"选择基体上面，"锥削因子"为1.1，如左图所示（如果不方便操作，可以先隐藏立柱。锥削是为了把卯槽做成一个梯形角度）。鼠标选取"组合编辑" 命令，出现对话框，选择"减运算"，"基体"选择立柱，"合并体"选择刚锥削的基体，完成剔槽，如右图所示。

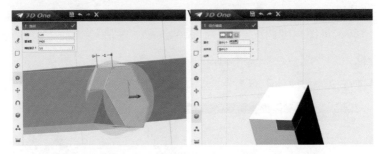

16. 立柱榫卯步骤三：下面采用与上面同样方法完成剔槽，如左图所示。把视图角度调成"前"，鼠标选取"移动" 命令，选择"动态移动"，把这个基体向下移动 – 1.5，如右图所示。然后把基体复制成两份。

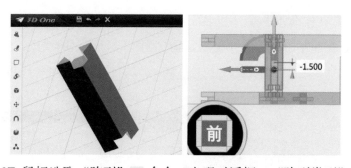

17. 鼠标选取"阵列" ▦ 命令，出现对话框，"阵列类型"选择
"圆形"阵列，"基体"选择立柱，"方向"选择参考基体左下棱，
阵列数量为6，如左图所示（这个阵列过程进行两次）。鼠标选择
"组合编辑" ▣ 命令，出现对话框，选择"减运算"，"基体"选
择上下六边形框架体，"合并体"选择立柱，如右图所示（这是一个
剔槽过程，实际制作木工同样应划线、剔槽）。

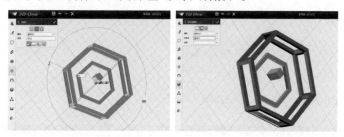

18. 把视图角度调成"下"，鼠标选取"矩形" ▢ 命令，以六边
形外框内角为起点绘制一个11.33×2.5的矩形，如左图所示。把这个
矩形进行拉伸，拉伸距离为－2.5，如右图所示。

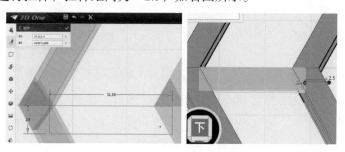

19. 鼠标选取"动态移动"，把这个长方体向左移动0.5、向上移动1.25，如左图所示。利用"参考几何体" ![icon] 命令绘制和长方体一样大小的长方体，并把大外框边和小外框边绘制成直线，如右图所示。

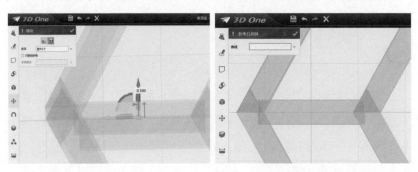

20. 鼠标选取"单击修剪" ![icon] 命令，修剪掉多余线段，如左图所示。隐藏内外六边形外框，对这个草图进行拉伸，选择"减运算"，拉伸距离为－0.75，如右图所示。拉伸后右侧槽再向下拉伸－0.25（上面左侧槽深－0.75，右侧槽深－1）。

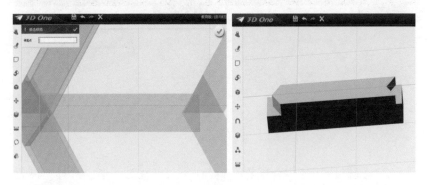

21. 采用同样方法进行下面的剔槽，注意下面左侧槽深度为1，右侧槽深度为0.75，如左图所示。显示全部，把这个基体复制成两份，如右图所示。

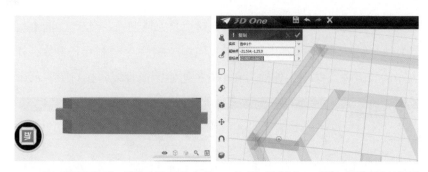

22. 鼠标选取"阵列" ⊞ 命令，出现对话框，"阵列类型"选择"圆形"阵列，"基体"选择刚绘制的基体，"方向"选择参考基体左下角棱，"阵列数量"为6，如左图所示（这个阵列过程进行两次）。鼠标选取"阵列" ⊞ 命令，出现对话框，"阵列类型"选择"线形"阵列，"基体"选择小六边形框架，"方向"选择参考基体左下角棱，阵列数量为2，阵列距离为－50，如右图所示。把小框架向下阵列出一个，然后把上面的小六边形框架翻转180°。

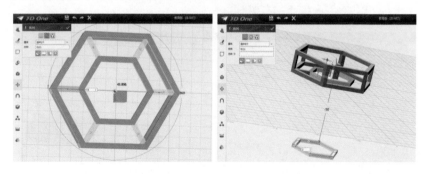

23. 鼠标选择"组合编辑" ▣ 命令，出现对话框，选择"减运算"，"基体"选择上边的大、小六边形框架体，"合并体"选择连接柱，如左图所示（这是一个剔槽过程，实际制作木工同样应划线、剔槽）。完成效果如右图所示。

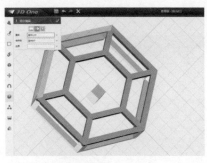
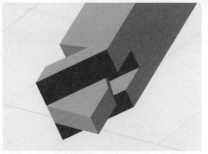

24. 把视图角度调成"上"，隐藏上面的框架，放大视图，以阵列出的小框架的左上角为起点，在如左图所示位置画两条长度为2.5的线段，然后用直线把角内侧顶点和这个线段两个端点连起来，使绘制的草图形成一个菱形。拉伸这个菱形草图，拉伸距离为49.5，如右图所示。

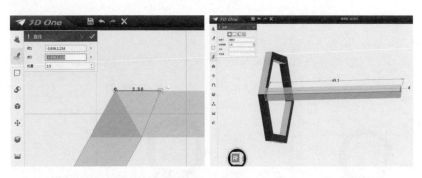

25. 操作方法如上面的立柱榫卯步骤一，如左右两图所示。

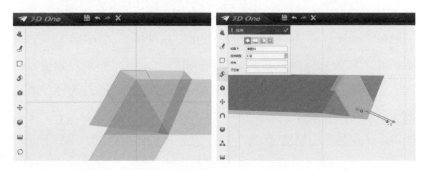

26. 操作方法如立柱榫卯步骤二，如左右两图所示。

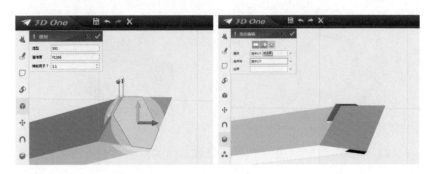

27. 下面采用与上面同样方法完成剔槽，如左图所示。鼠标选取"移动" ⬛ 命令，选择"动态移动"，把这个基体向下移动 – 1，如右图所示。移动后把这个基体复制出一个。

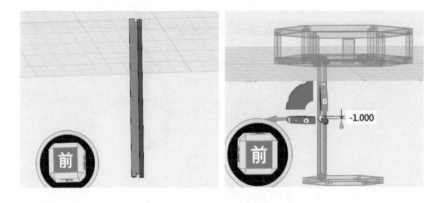

28. 鼠标选取"阵列" ⬛ 命令，出现对话框，"阵列类型"选择"圆形"阵列，"基体"选择刚绘制的立柱基体，"方向"选择参考基体左下角棱，阵列数量为6，如左图所示（这个阵列过程进行两次）。鼠标选择"组合编辑" ⬛ 命令，出现对话框，选择"减运算"，"基体"选择上下六边形框架体，"合并体"选择立柱，如右图所示（这是一个剔槽过程，实际制作木工同样应划线、剔槽）。

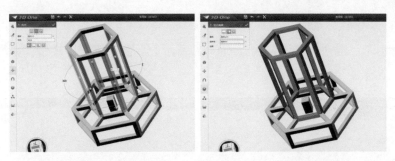

29.把视图角度调成"前"，鼠标选取"矩形" □ 命令，在如左图所示位置绘制17.5×1.5的矩形。把这个矩形进行拉伸，拉伸距离为 – 2.5，如右图所示。

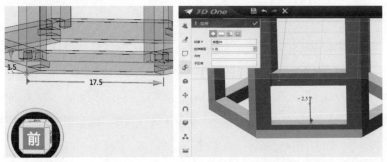

30.鼠标选择"移动" ▥ 命令，选择"动态移动"，把刚拉伸基体向上移动8，如左图所示。隐藏其他框架，把视图角度调成"上"，在长方体左右两边绘制上底为1.45、下底为2.5、高为2.5的梯形草图，如右图所示。

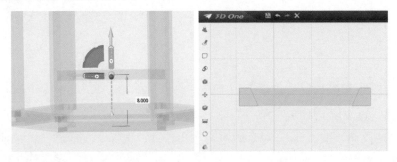

31.鼠标选取"拉伸" 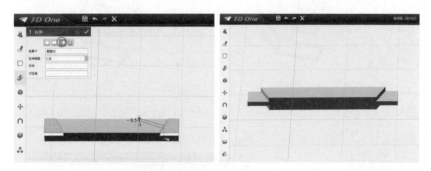 命令，对草图进行一边拉伸，选择"减运算"，拉伸距离为－0.5，如左图所示。后侧采取同样操作，如右图所示。

32.鼠标选取"直线" ╲ 命令，在长方体左右两侧绘制上底为1.45、下底为1.66、高为0.5的梯形草图以及上底为2.29、下底为2.5、高为0.5的梯形草图，右侧采取同样操作，如左图所示。鼠标选取"拉伸" 命令，对草图进行一边拉伸，选择"减运算"，拉伸距离为－2，如右图所示。

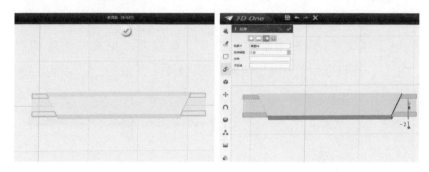

33.鼠标选取"直线" ╲ 命令，在左侧绘制上底为1.67、下底为0.5、高为1.5的梯形草图，右侧采取同样操作，如左图所示。鼠标选取"拉伸" 命令，对草图进行一边拉伸，选择"减运算"，拉伸距离为－2，如右图所示。

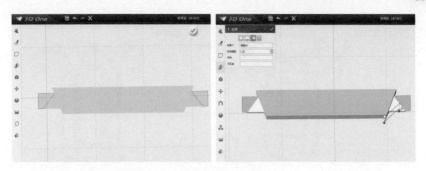

34. 显示所有基体，把视图角度调成"上"，鼠标选取"阵列" ⊞ 命令，出现对话框，"阵列类型"选择"圆形"阵列，"基体"选择刚制作的基体，"方向"选择参考基体左下角棱，阵列数量为6，如左图所示。只留下如右图所示两横一竖，删除掉其他横竖基体，鼠标选择"组合编辑" ▧ 命令，出现对话框，选择"减运算"，"基体"选择竖柱，"合并体"选择刚阵列出的两个横柱，确定完成剔槽。

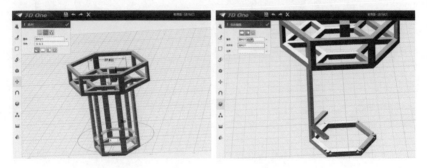

35. 鼠标选取"阵列" ⊞ 命令，出现对话框，"阵列类型"选择"圆形"阵列，"基体"选择刚制作的一横一竖基体，"方向"选择参考基体左下角棱，阵列数量为6，如左图所示，鼠标选取"阵列" ⊞ 命令，出现对话框，"阵列类型"选择"线性"阵列，"基体"选择六根横梁，"方向"向上，阵列距离为35，阵列数量为2，如右图所示。

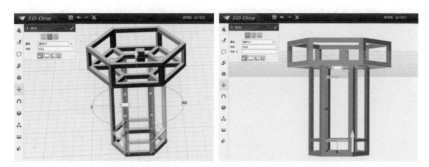

36. 再次把下面的六根横梁阵列到上侧，阵列距离为35，如左图所示。利用"组合编辑"方法剔槽（此步骤略），效果如右图所示。

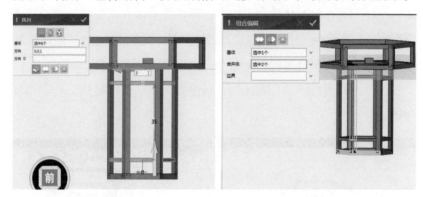

第二步　制作走马灯花窗

（注：这个花窗没有榫卯结构，主要是让读者体验花窗的绘制过程和方法，木工制作这样的花窗也是一个烦琐而又精细的过程。）

1. 把视图角度调成"前"，鼠标选取"矩形" ⬜ 命令，在宫灯上框梁上单击确定绘制面，以小窗口左上内角为起点绘制25×（−9.5）的矩形，如左图所示。鼠标选取"偏移曲线" ↝ 命令，对刚绘制的四边形进行向内偏移，偏移距离为−1，如右图所示。

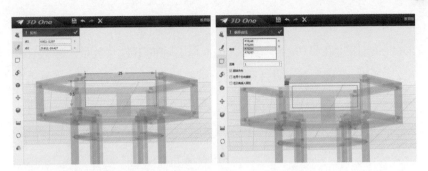

2. 对刚绘制的双线草图进行拉伸，拉伸距离为－2，如左图所示。鼠标选取"倒角" ◆ 命令，对如右图所示位置的棱进行倒角，倒角度数为1。

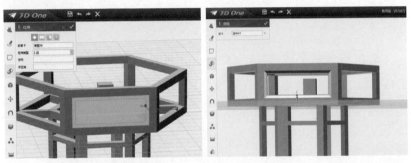

3. 把视图角度调成"后"，鼠标选取"矩形" ▭ 命令，在刚拉伸的框上单击确定绘制面，以小窗口左上角为起点绘制23 ×（－7.5）的矩形，如左图所示。鼠标选取"矩形"命令，以刚绘制的矩形左上角为起点绘制2.3 ×（－1.5）的矩形，如右图所示。

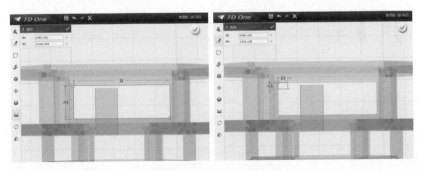

4. 鼠标选取"阵列"  命令，出现对话框，"基体"选择小矩形的一组横边和竖边，"方向"选择向右和向下，"数量"输入10和5，"间距距离"输入2.3和1.5，如左图所示。鼠标选择"单击修剪" 命令，修剪成如右图所示样式。

5. 鼠标选取"圆形" ⊙ 命令，在中间竖线中点位置绘制半径为2.4的圆，如左图所示。鼠标选取"矩形" ▭ 命令，在圆中绘制四个边长为1的正方形，如右图所示。

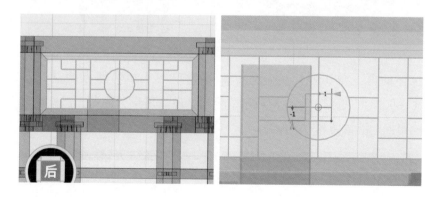

6. 鼠标选取"偏移曲线" 命令，出现对话框，"曲线"选择刚绘制的曲线，偏移距离为0.2，勾选"在两个方向偏离"，经过多次"偏移"的完成效果如左图所示。鼠标选择"单击修剪" 命令，修剪成如右图所示样式，可以用"显示连通性"查看是否修剪彻底。

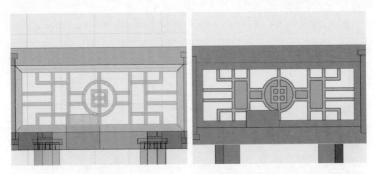

7. 鼠标选取"拉伸" 🔳 命令，对刚绘制草图进行一边拉伸，拉伸距离为－1，如左图所示。鼠标选取"阵列" ⬚ 命令，出现对话框，"阵列类型"选择"圆形"阵列，"基体"选择刚绘制的花窗，"方向"选择参考基体左下角棱，阵列数量为6，如右图所示。

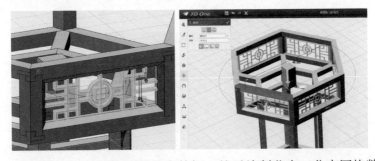

8. 按照上面的方法绘制花窗外框，然后绘制花窗。花窗网格数据如左图所示，每个格的尺寸是1.05×0.7。花窗样式如右图所示，按照上面的步骤绘制偏离曲线，偏移曲线距离为0.2，绘制双线。

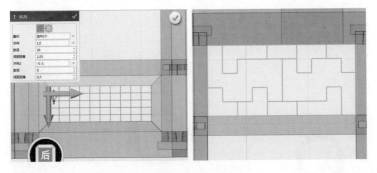

9. 修剪掉多余线段，拉伸草图，拉伸距离为 – 1，如左图所示。阵列花窗，效果如右图所示。

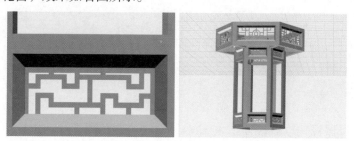

10. 把视图角度调成"前"，鼠标选取"矩形" □ 命令，在宫灯下框梁上单击确定绘制面，以下梁外角顶点为起点绘制17.5×（－6）的矩形，如左图所示。鼠标选取"偏移曲线" ⌇ 命令，对刚绘制的四边形左、上、下三条边进行向内偏移，偏移距离为 – 1，如右图所示。

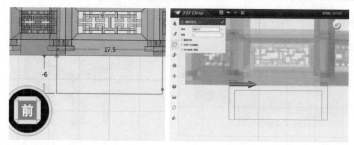

11. 鼠标选取"单击修剪" ⫽ 命令，删除下面线段，如左图所示。鼠标选取"拉伸" ▣ 命令，对草图进行向内拉伸，拉伸距离为 – 1.75，如右图所示。

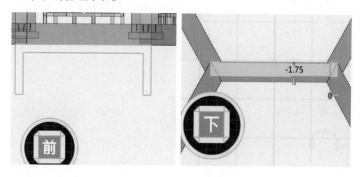

12. 把视图角度调成"下"，鼠标选取"直线" ✎ 命令，在刚拉伸的长方体底面上单击确定绘制面，连接内外角，如左图所示。鼠标选取"实体分割" ▣ 命令，出现对话框，"基体"选择刚制作的基体，"分割"选择刚绘制的线，切割后删除切下来的角，如右图所示。

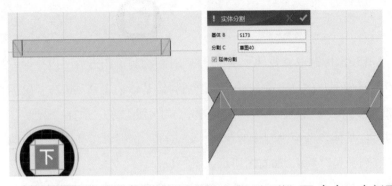

13. 把视图角度调成"前"，鼠标选取"矩形" ▢ 命令，在门形框上单击确定绘制面，以梁内角顶点为起点绘制15.5×（-5）的矩形，如左图所示。鼠标选取"矩形" ▢ 命令，以刚绘制的草图左上角为起点绘制1.55×（-1）的矩形，如右图所示。

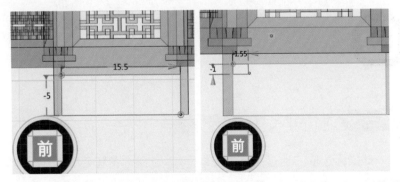

14. 对矩形进行阵列，然后删除多余线段，如左图所示。制作偏移曲线，在两个方向偏离，偏移距离为0.25，如右图所示。修剪多余线段，连接不封闭的线段。

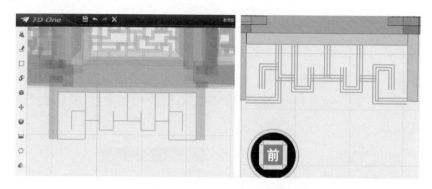

15. 鼠标选取"拉伸" 📦 命令，对刚绘制草图进行一边拉伸，拉伸距离为－1.75，如左图所示，把刚制作基体向上移动0.25。鼠标选取"阵列" ⠿ 命令，出现对话框，"阵列类型"选择"圆形"阵列，"基体"选择刚制作的花窗，"方向"选择参考基体左下角棱，"阵列数量"为6，如右图所示。

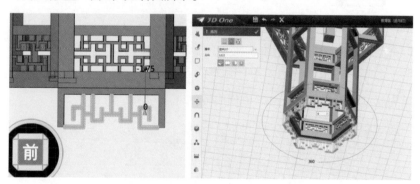

第三步　制作走马灯六角夹板雕花

1. 鼠标选取"通过点绘制曲线" ∿ 命令，在灯上角位置绘制如左图所示样式雕花，或者按照自己的设计制作雕花，注意雕花高度应与灯顶高度差不多。对雕花进行拉伸，拉伸距离为2，如右图所示。

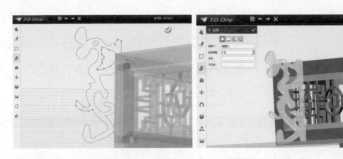

2. 通过"移动"和"旋转"命令把雕花放在角上，如左图所示。鼠标选取"阵列" 命令，出现对话框，"阵列类型"选择"圆形"阵列，"基体"选择刚制作的雕花，"方向"选择基体左下角棱，"阵列数量"为6，如右图所示。

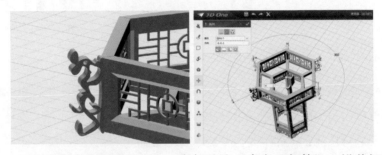

3. 把视图角度调成"上"，鼠标选取"参考几何体"，沿着灯笼上面的框架边沿绘制两条直线，如左图所示。选择"直线" ＼ 命令，连接两条线段端点，绘制成一个三角形，如右图所示。

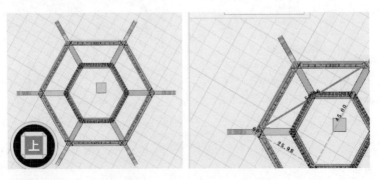

4. 把这个三角形拉伸－15，如左图所示。鼠标选取"组合编辑" 🎲 命令，出现对话框，"基体"选择雕花，"合并体"选择刚制作的直三棱柱，选择"减运算"，完成雕花剔槽，如右图所示。其他雕花也采取同样操作，或直接采取阵列方式。

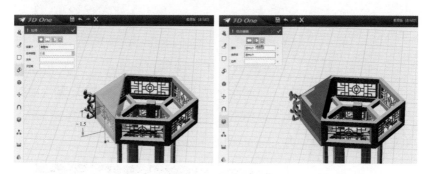

第四步 制作走马灯上底和下底

1. 把视图角度调成"上"，鼠标选取"矩形" ▢ 命令，以六边形外框内角为起点绘制一个55.226×2.5的矩形，如左图所示。把这个矩形进行拉伸，拉伸距离为－2.5，如右图所示。

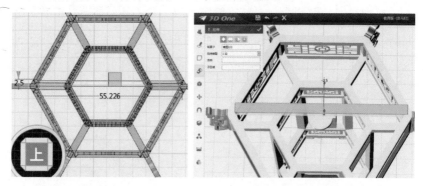

2. 鼠标选取"动态移动"，把刚绘制的基体向左移动0.5、向下移动1.25，如左图所示。鼠标选取"参考几何体" 📕 命令，绘制出如右图所示样式线段。

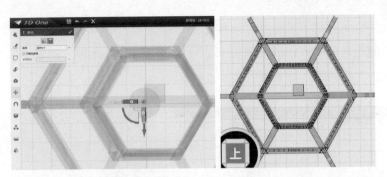

3. 鼠标选取"单击修剪" ⊮ 命令，修剪多余线段，如左图所示。对这个草图进行拉伸，拉伸距离为－0.75，如右图所示。

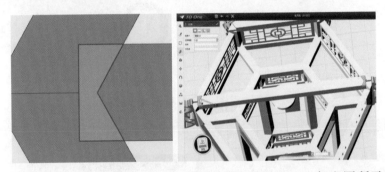

4. 采取同样方法进行下面的剔槽，槽深度为0.75，如左图所示。把这个基体向下移动2.5，鼠标选取"阵列" ⚏ 命令，出现对话框，"阵列类型"选择"圆形"阵列，"基体"选择刚制作的基体，"方向"选择参考基体左下角棱，"阵列数量"为3，如右图所示。

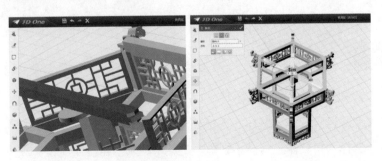

5. 鼠标选取"参考几何体" 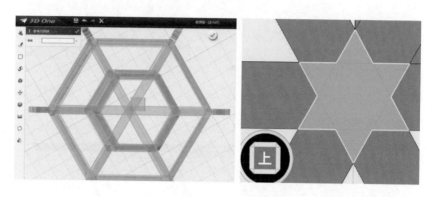 命令，选中刚阵列出的基体边，绘制出六条线段，如左图所示。鼠标选取"单击修剪" 命令，把其余线段删除，留下六角星，如右图所示。

6. 鼠标选取"拉伸" 命令，出现对话框，"轮廓"选择刚绘制的草图，"拉伸类型"选择一边，拉伸距离输入1.6，制作一个六角星剔槽工具，如左图所示。把六角星体复制成四个，如右图所示。

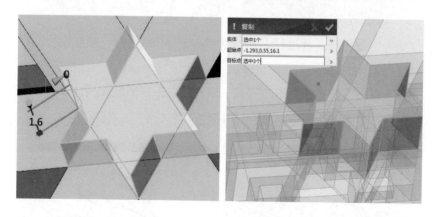

7. 把其中一个六角星下移 – 1.6，鼠标选取"组合编辑" 命令，选择"减运算"，"基体"选择如左图所示的一个横梁基体，"合并体"选择六角星体，为横梁剔槽。把其中一个六角星体下移 – 2.5，利用"组合编辑"命令，对另一根横梁进行剔槽，如右图所示。

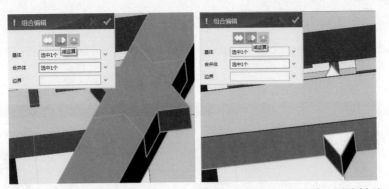

8. 剩下两个六角星体分别向下移动 − 3.3 和 − 0.8，如左图所示。利用"组合编辑" ⬡ 命令，为这根横梁进行剔槽，如右图所示。

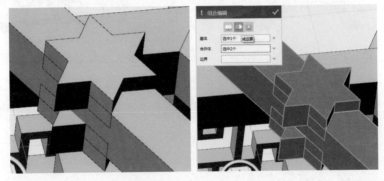

9. 将灯笼顶上三根基体复制出两份，如左图所示。鼠标选取"组合编辑" ⬡ 命令，选择"减运算"，出现对话框，"基体"选择边框基体，"合并体"选择灯笼顶上五根基体，完成边框剔槽，如右图所示。

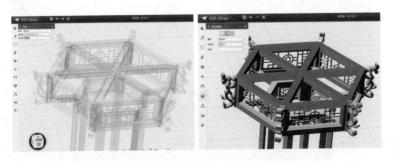

10. 把视图角度调成"下"，鼠标选取"参考几何体"命令，沿内框边沿绘制一个六边形，如左图所示。对刚绘制的草图进行拉伸，拉伸距离为 -1，如右图所示。

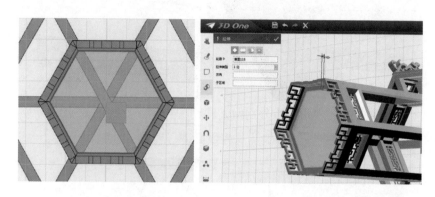

11. 把视图角度调成"上"，保留灯笼底，隐藏上面部分。鼠标选取"圆形" ⊙ 命令，以灯笼底中心点为圆心分别绘制直径为2.5和3.5的圆，如左图所示。拉伸刚绘制的圆环，拉伸距离为3，如右图所示。至此完成烛台制作。

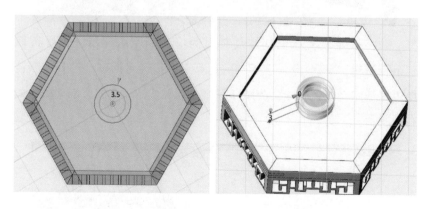

12. 只留灯笼底板，隐藏其他部分，把视图角度调成"前"，以侧边中心点为圆心绘制半径为0.2的圆，如左图所示。对这个圆进行对称拉伸，拉伸距离为3，如右图所示。

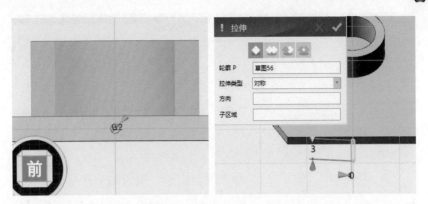

13. 把这个圆柱体复制成两份，鼠标选取"阵列" ⠿ 命令，选择"圆形阵列"，把这个圆柱体阵列成三个，并阵列两次，如左图所示。显示全部基体，鼠标选取"组合编辑" ▣ 命令，出现对话框，选择右图所示黄色部分，"合并体"选择圆柱体，选择"减运算"。其他三面采取同样操作，完成灯笼底固定销子制作。

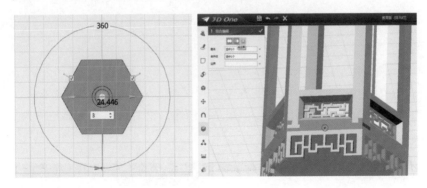

第五步 ▶ 制作走马灯走马架

1. 导入事先准备好的走马图，如左图所示。鼠标选取"参考几何体" ◤ 命令，把马的轮廓勾画出来，如右图所示。

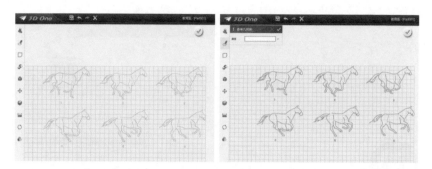

2. 鼠标选取"矩形"□ 命令绘制矩形，覆盖第一匹马，并拉伸1，如左图所示。鼠标选取"偏移曲线" 命令，在长方体上面偏移出马的轮廓图，偏移距离为0.1，如右图所示。

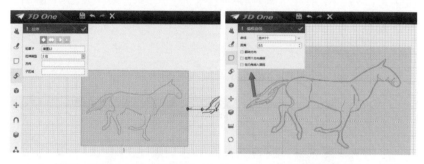

3. 使用"通过点绘制曲线" 命令和"单击修剪" 命令将马的轮廓变成一个封闭的图形，如左图所示。然后把这个图形拉伸1，如右图所示。

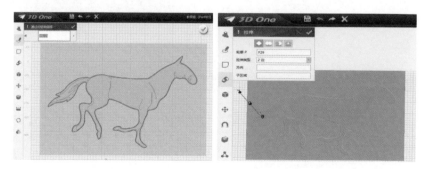

4.六匹马图通过处理，拉伸形成如图所示效果。

5.利用"缩放"命令把马调成长度12左右大小，如左图所示。在马图旁绘制半径为1、高度为20的圆柱体，如右图所示。

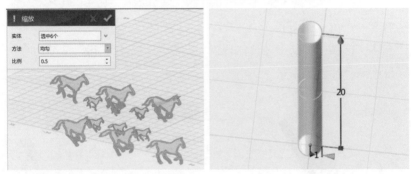

6.在圆柱体底面绘制长22×（－2）的矩形，如左图所示。拉伸草图，拉伸距离为2，并把长方体向左移动11，如右图所示。

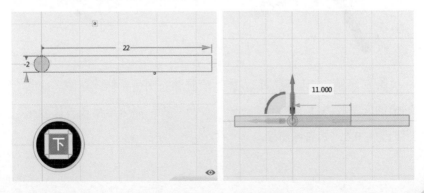

7. 把长方体"圆形阵列"成三个，如左图所示。隐藏一个长方体，在另外两个长方体相交的位置绘制菱形，如右图所示。

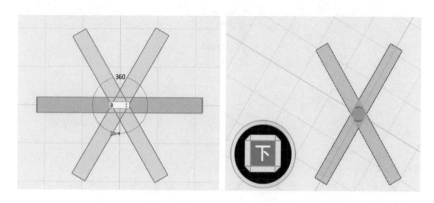

8. 隐藏一个长方体，利用"拉伸""减运算"命令，在长方体上减去菱形部分，拉伸距离为－1，如左图所示。显示出刚隐藏的一个长方体，把剔槽的长方体复制成两份，利用"组合编辑""减运算"进行剔槽，如右图所示。

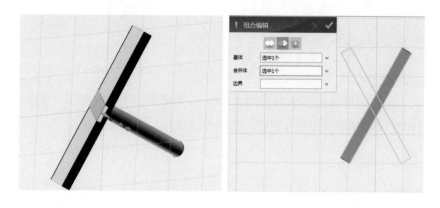

9. 显示第一个隐藏的长方体，绘制如左图所示样式草图。隐藏有剔槽的两个长方体，利用"拉伸""减运算"命令给横长方体剔槽，距离为－0.6，如右图所示。

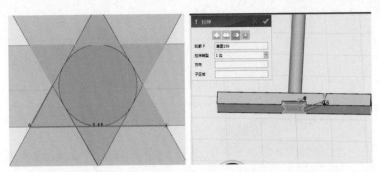

10. 背面采取同样方法进行高度为0.6的剔槽，如左图所示。显示隐藏的基体，把刚剔的槽基体复制成三份，利用"组合编辑""减运算"命令，在另外两个长方体上再剔槽，如右图所示。

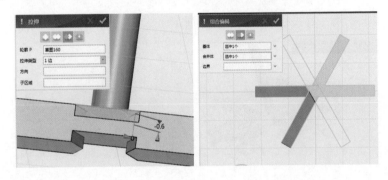

11. 在圆柱体下部绘制一个底边为1、高度为2的长方体，如左图所示。同样，利用"组合编辑"命令，在三个长方体上剔槽，如右图所示。

12. 榫卯效果如左图所示。横长方体顶部也做方头处理，如右图所示。

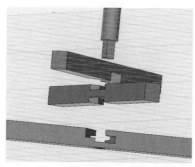 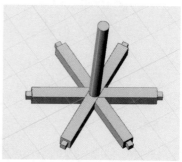

13. 利用"自动吸附"命令把马放到圆柱头上，如左图所示。在马身上剔槽，并进行装配，如右图所示。

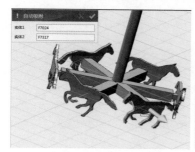 

14. 在绘制完成的跑马架上面放一个半径为2、长度为20的圆柱体，进行组合和装配，效果如图所示。

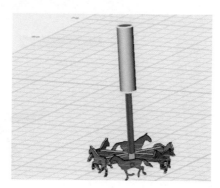

第六步 制作与装配走马灯风轮

1. 在圆柱上面绘制腰长23、底长5的等腰三角形，如左图所示。把等腰三角形拉伸，拉伸距离为0.3，如右图所示。

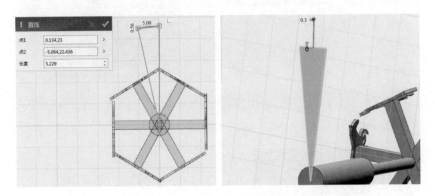

2. 把视图角度调成"后"，利用"移动"命令中的"动态移动"，沿红色圆弧方向旋转－10°，如左图所示。调整视图角度为"上"，把基体"圆形阵列"25个，如右图所示。

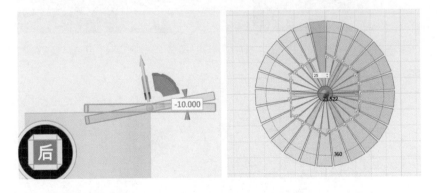

3. 将扇叶移动－5，如左图所示。利用"组合编辑"命令，在圆柱体上开孔，如右图所示。

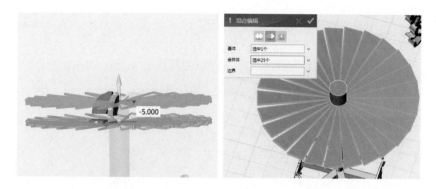

4. 开孔效果如左图所示。如右图所示，在上部放一个半径为1、长度为5的圆柱。

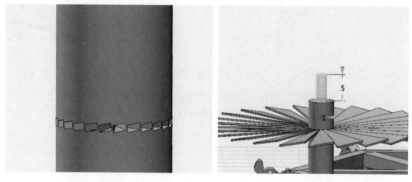

5. 把走马架成组，如左图所示。把风轮组装配到灯里面，如右图所示。

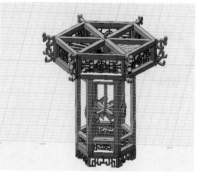

6. 在灯上部支架上开一个半径为1.1的孔，如左图所示。绘制一个半径为2的圆球，放在轴上，制作轴帽，如右图所示。

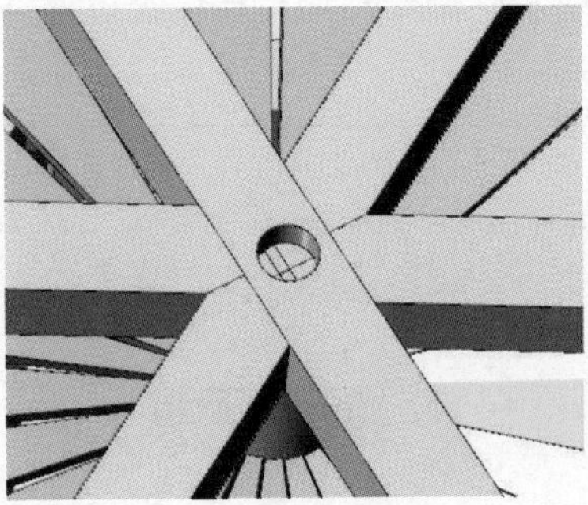

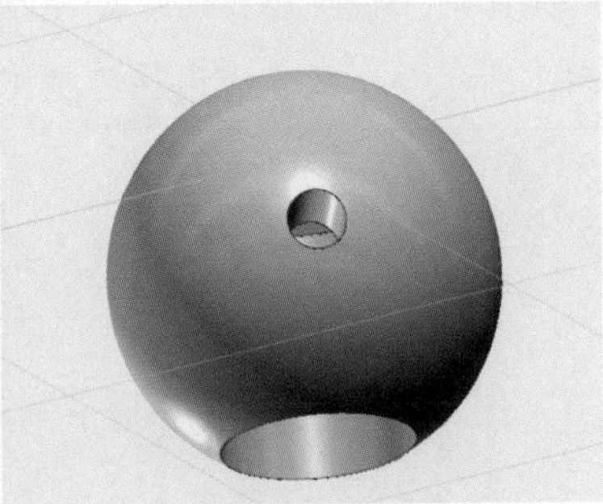

7. 开孔是为了插销子，如图所示。

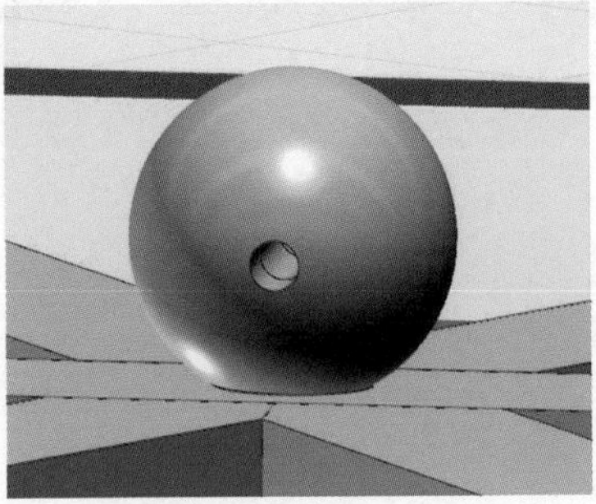

第七步 进行走马灯灯窗糊纸

把灯窗上都“糊上白纸”，透明度为50%，如图所示。

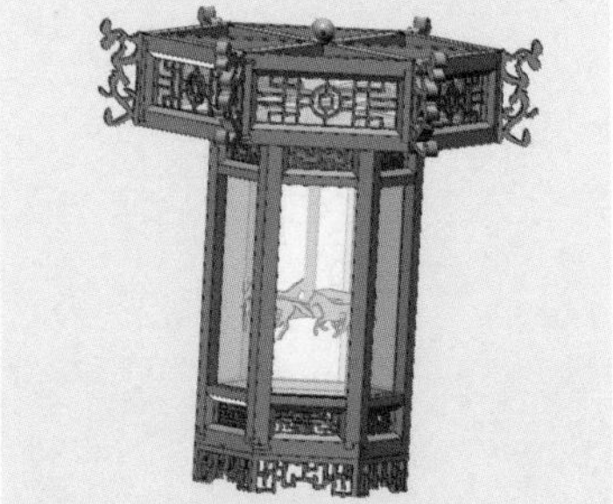

第八步 制作走马灯吊穗

制作灯吊穗（过程略）如左图所示。制作吊绳与挂钩（过程略）如右图所示。至此完成走马灯制作。

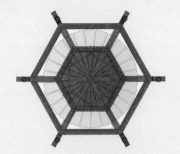

作品展示

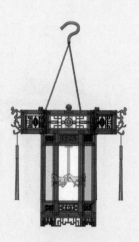

　　这个走马灯并没有按照古代宫灯和走马灯制作步骤及样式制作，而是采用3D软件特有的方法制作完成，并尝试每一部分都采用榫卯结构连接。制作走马灯时做了两个长方体交叉体，但采取不同的方法制作，所以创新是3D设计最大的优势。打印走马灯时，可以把走马灯打印成一个成体，亦可以打印成散件，然后再进行拼装。但要注意有的部件很小，只有把整体放大才能打印好。

附录1 中国古代重要科技发明创造

中国古代有四大发明：指南针、造纸术、火药、印刷术。但这四大发明还不足以全面展现中华民族的科技成就，因为我国古代的重要发明创造远不止于此。2013年8月，中国科学院自然科学史研究所发挥学科优势，成立"中国古代重要科技发明创造"研究组，邀请所内外专家通力合作，梳理科技史和考古学等学科的研究成果，系统考量我国的古代发明创造，经过持续的集体调研，推选出"中国古代重要科技发明创造"88项，这些发明充分彰显了中国劳动人民的智慧与创造力，见附表。

附表 中国古代88项重要科技发明创造一览表

序号	中国古代重要科技发明创造88项	
	科学发现与创造	年　代
1	干支	商代有干支纪日，汉代以后有干支纪年
2	阴阳合历	商代后期
3	圭表	不晚于春秋
4	十进位值制与算筹记数法	不晚于春秋
5	小孔成像	公元前4世纪
6	杂种优势利用	不晚于东周
7	盈不足术	不晚于战国
8	二十四节气	起源于战国，成熟于西汉初期
9	经脉学说	不晚于公元前3世纪末
10	四诊法	不晚于公元前3世纪末
11	马王堆地图	不晚于公元前2世纪

续表

序号	中国古代重要科技发明创造88项	
12	勾股容圆	不晚于西汉
13	线性方程组及解法	不晚于西汉
14	本草学	东汉初期
15	天象记录	汉代已较为系统
16	方剂学	汉代
17	制图六体	不晚于公元3世纪
18	律管管口校正	公元3世纪
19	敦煌星图	公元8世纪初
20	潮汐表	始见于公元8世纪后半叶
21	中国珠算	宋代
22	增乘开方法	不晚于公元11世纪初
23	垛积术	不晚于公元11世纪末
24	天元术	不晚于公元13世纪初
25	一次同余方程组解法	不晚于1247年
26	法医学体系	1247年
27	四元术	不晚于1303年
28	十二等程律	1584年
29	《本草纲目》分类体系	1578年
30	系统的岩溶地貌考察	1613—1639年
	技术发明	**年代**
31	水稻栽培	距今不少于10000年
32	猪的驯化	距今约8500年

续表

序号	中国古代重要科技发明创造88项	
33	含酒精饮料的酿造	距今约8000年
34	髹漆	距今约8000年
35	粟的栽培	距今不晚于7500—8000年
36	琢玉	距今7000—8000年
37	养蚕	距今5000多年
38	缫丝	距今5000多年
39	大豆栽培	距今约4000—5000 年
40	块范法	3800多年前
41	竹子栽培	3000多年前
42	茶树栽培	周代
43	柑橘栽培	不晚于东周
44	以生铁为本的钢铁冶炼技术	春秋早期至汉代
45	分行栽培（垄作法）	不晚于春秋时期
46	青铜弩机	不晚于战国时期
47	叠铸法	战国时期
48	多熟种植	战国时期
49	针灸	不晚于公元前3世纪末
50	造纸术	不晚于公元前2世纪
51	胸带式系驾法	西汉时期
52	温室栽培	不晚于公元前1世纪
53	提花机	不晚于公元前1世纪
54	指南车	西汉时期

序号	中国古代重要科技发明创造88项	
55	水碓	不晚于西汉末期
56	新莽铜卡尺	公元9年
57	扇车	不晚于公元1世纪
58	地动仪	公元132年
59	翻车	公元2世纪
60	水排	公元1世纪
61	瓷器	成熟于东汉时期
62	马镫	不晚于4世纪初
63	雕版印刷术	公元7世纪
64	转轴舵	不晚于公元8世纪
65	水密舱壁	不晚于唐代
66	火药	约公元9世纪
67	罗盘（指南针）	不晚于公元10世纪
68	顿钻（井盐深钻汲制技艺）	不晚于公元11世纪
69	活字印刷术	公元11世纪中叶
70	水运仪象台	建成于1092年
71	双作用活塞式风箱	不晚于宋代
72	大风车	不晚于12世纪
73	火箭	不晚于12世纪
74	火铳（管形火器）	不晚于公元13世纪
75	人痘接种术	不晚于公元16世纪

续表

序号	中国古代重要科技发明创造88项	
	工程成就	建造年代
76	曾侯乙编钟	战国早期
77	都江堰	公元前256—前251年
78	长城	始建于战国后期，秦代形成"万里长城"
79	灵渠	公元前221年—前214年之间
80	秦陵铜车马	秦代
81	安济桥（敞肩式石拱桥）	建成于公元606年
82	大运河	隋代大运河于公元7世纪初贯通，京杭大运河于1293年贯通
83	布达拉宫	始建于公元7世纪，重修于17世纪中叶
84	苏州园林	四大名园之沧浪亭始建于公元910年前后
85	沧州铁狮	公元953年
86	应县木塔	1056年
87	紫禁城	建成于1420年
88	郑和航海	1405—1433年

附录2　榫卯常见结构及分类

　　榫卯（sǔn mǎo）是两个或多个构件连接采用的一种凹凸部位相结合的连接方式，它主要应用于中国古代建筑、家具及其他器械。凸出部分称为榫（或称榫头），凹进部分称为卯（或称榫眼、榫槽）。如右图所示，古代黏合胶和钉子制造业并不是很发达，榫卯结构是普遍采用的连接方式。榫卯的神奇之处在于，能

通过各种不同的契合手法，使结构中每一个小单元都被稳定地固定住，因而不需要一枚铁钉。这种榫卯结构不但可以承受较大的荷载，而且允许产生一定的变形，在地震荷载下通过变形吸收一定的地震能量，减小结构的地震响应。

　　中国的木建筑构架一般包括柱、梁、枋、垫板、桁檩（桁架檩条）、斗拱、椽子、望板等基本构件。这些构件相互独立，需要用一定的方式连接起来才能组成房屋，如右图所示。

　　中国家具把各个部件连接起来的"榫卯"做法，是家具造型的主要结构方式。各种榫卯做法不同，应用范围不同，但它们在每件家具上都具有形体构造的"关节"作用。若榫卯使用得当，两块木结

构之间就能严密扣合，达到"天衣无缝"的程度。它是古代木匠必须具备的基本技能，工匠手艺水平可以通过榫卯结构反映出来。

以下33种榫卯结构实物涵盖了古代榫卯结构中最主要、实用、经典的款式结构。

1. 楔钉榫

2. 挖烟袋锅榫

3. 夹头榫（腿足上端嵌夹牙条与牙头）

4. 云形插肩榫（牙条、牙头分造）

5. 扇形插肩榫

6. 传统粽角榫

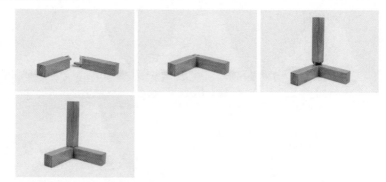

7. 双榫粽角榫

8. 带板粽角榫

9. 高束腰抱肩榫

10. 挂肩四面平榫

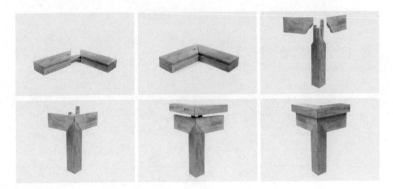

11. 圆柱丁字结合榫

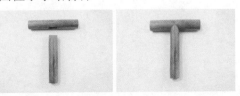

12. 圆方结合裹腿

13. 圆柱二维直角交叉榫

14. 圆香几攒边打槽

15. 攒边打槽装板

16. 一腿三牙方桌结构

17. 抄手榫

18. 方材角结合床帷子攒接万字

19. 方形家具腿足与方托泥的结合

20. 三根直材交叉

21. 加云子无束腰裹腿杌凳腿足与凳面结合

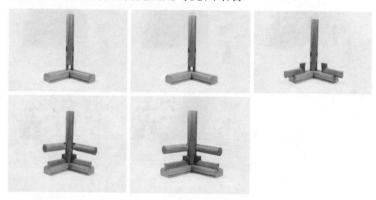

22. 插肩榫变形

23. 平板明榫角结合

24. 柜子底枨

25. 方材丁字结合（榫卯大进小出）

26. 厚板闷榫角结合

27. 厚板出透榫及榫舌拍抹头

28. 椅盘边抹与椅子腿足的结构

29. 直材交叉结合

30. 弧形直材十字交叉

31. 弧形面直材角结合

32. 走马销

33. 方材丁字形结合榫卯用大格肩

通过上述33种榫卯结构，可以总结出榫卯结构大致可分为以下三大类。

1. 面面接合榫卯：面与面的接合、两条边的拼合、面与边的交合，如槽口榫、企口榫、燕尾榫、穿带榫、扎榫等。

2. 成角榫卯：横竖材丁字接合、成角接合、交叉接合、直材和弧形材接合，如格肩榫、双榫、双夹榫、勾挂榫、锲钉榫、半榫、通榫等。

3. 组合榫卯：三个或三个以上构件组合一起，如托角榫、长短榫、抱肩榫、粽角榫等。

参考文献

中国科学院自然科学史研究所. 中国古代重要科技发明创造[M].
北京：中国科学技术出版社，2016.